# *Evolución y providencia*

# *Evolución y providencia*

## *Macroevolución, la síntesis moderna e interpretación teológica*

*Bajo la supervisión de*
***Bradford L. McCall***

***Elementos esenciales de la teología***

DTL

---

Library of Congress Cataloging-in-Publication Data
Datos de catalogación en publicación de la Biblioteca del Congreso

Bradford L. McCall (creator).
[Evolution and Providence: Macroevolution, the Modern Synthesis, and Theological Interpretation / Bradford L. McCall]
Evolución y providencia: macroevolución, la síntesis moderna e interpretación teológica / Bradford L. McCall
161 + *xii* pp. cm. 12.7 x 20.32

ISBN 979-8-89731-510-9 (Print)
ISBN 979-8-89731-511-6 (Ebook)
ISBN 979-8-89731-512-3 (Kindle)

1. Evolución (Biología) — Aspectos religiosos — Cristianismo.
2. Religión y ciencia.
3. Evolución (Biología) — Filosofía.
4. Creación.
5. Evolución humana — Aspectos religiosos — Cristianismo.
6. Cristianismo y ciencia.

BT695.5 .M33 2026

***Este libro está disponible en otros idiomas en www.DTLPress.com***

Imagen de portada: "El curso de la evolución como creación divina." Creada por el personal de la DTL, utilizando IA.

# *Contenido*

# *Prefacio de la serie*

La inteligencia artificial (IA) está cambiando todo, incluida la educación y la investigación teológica. Esta serie, *Elementos esenciales de la teología (Theological Essentials)*, está diseñada para aprovechar el potencial creativo de la IA en el ámbito de la educación teológica. En el modelo tradicional, un académico con dominio del discurso teológico y una trayectoria docente exitosa pasaría varios meses —o incluso años— escribiendo, revisando y reescribiendo un texto introductorio. Luego, este texto sería transferido a una editorial que invertiría meses o años en los procesos de producción. Aunque el producto final era predecible, este proceso lento y costoso elevaba el precio de los libros de texto. Como resultado, los estudiantes de países desarrollados pagaron más de lo debido por los libros, y los estudiantes de países en desarrollo generalmente no tuvieron acceso a estos libros de texto (de costo prohibitivo) hasta que aparecieron como descartes y donaciones décadas después. En generaciones anteriores, la necesidad de garantizar la calidad —en forma de generación de contenido, revisión experta, edición y tiempo de impresión— pudo haber hecho inevitable este enfoque lento, costoso y excluyente. Sin embargo, la IA lo está cambiando todo.

Esta serie es diferente; está creada por IA. La portada de cada volumen identifica la obra como "creada bajo la supervisión de" un experto en el campo. Sin embargo, esa persona no es un autor en el sentido tradicional. El creador de cada volumen ha sido capacitado por el personal de la Digital Theological Library (DTL) en el uso de IA y ha empleado la IA para generar, editar, revisar y recrear el texto que se presenta. Con este proceso de creación claramente identificado, presentamos los objetivos de esta serie.

**Nuestros objetivos**

*Credibilidad:* Aunque la IA ha logrado —y sigue logrando— avances significativos en los últimos años, ninguna IA sin supervisión puede crear un texto verdaderamente confiable o plenamente acreditado a nivel universitario o de seminario. Las limitaciones del contenido generado por IA a veces surgen de deficiencias en los datos de entrenamiento, pero más a menudo la insatisfacción de los usuarios con el contenido generado por IA proviene de errores humanos en la formulación de indicaciones (*prompt engineering*). DTL Press ha trabajado para superar ambos problemas contratando académicos con experiencia reconocida para supervisar la creación de los libros en sus respectivas áreas de especialización y capacitándolos en el uso de IA para la generación de contenido. Para mayor claridad, el académico cuyo nombre aparece en la portada ha creado el volumen, generando, leyendo, regenerando, releyendo y revisando el trabajo. Aunque el contenido ha sido generado en diversos grados por IA, la presencia de los nombres de nuestros académicos en la portada garantiza que el contenido es tan confiable como cualquier otro texto introductorio elaborado mediante el modelo tradicional.

*Estabilidad:* La IA es generativa, lo que significa que la respuesta a cada indicación se genera de forma única para esa solicitud específica. No hay dos respuestas generadas por IA exactamente iguales. La inevitable variabilidad de las respuestas de la IA representa un importante desafío pedagógico para profesores y estudiantes que desean iniciar sus debates y análisis basándose en un conjunto compartido de ideas. Las instituciones educativas necesitan textos estables para evitar el caos pedagógico. Estos libros proporcionan ese texto estable a partir del cual enseñar, debatir y fomentar ideas.

*Accesibilidad económica:* DTL Press está comprometida con la idea de que el costo no debe ser una barrera para el conocimiento. *Todas las personas tienen el mismo derecho a aprender y comprender.* Por ello, todas las versiones electrónicas de los libros publicados por DTL Press están disponibles de forma gratuita en las bibliotecas de la DTL, y las versiones impresas se pueden obtener por un precio nominal. Expresamos nuestro agradecimiento a los académicos que contribuyen con su labor y han optado por renunciar a los esquemas tradicionales de regalías. (Nuestros creadores reciben compensación por su trabajo generativo, pero no perciben regalías en el sentido tradicional).

*Disponibilidad global:* DTL Press desea ofrecer libros de texto introductorios de alta calidad y bajo costo a todos, en todo el mundo. Los libros de esta serie están disponibles de inmediato en varios idiomas. DTL Press creará traducciones a otros idiomas si se solicita. Las traducciones son, por supuesto, generadas por IA.

**Nuestras limitaciones reconocidas**

Algunos lectores probablemente pensarán: "pero la IA solo puede producir investigación derivativa; no puede crear estudios innovadores y originales." Esta crítica es, en gran medida, válida. La IA se limita principalmente a agrupar, organizar y reformular ideas preexistentes, aunque en ocasiones de formas que pueden acelerar y refinar la producción de nuevas investigaciones. Aun reconociendo esta limitación inherente, DTL Press ofrece dos comentarios: (1) Los textos introductorios rara vez buscan ser innovadores en su originalidad y (2) DTL Press cuenta con otras series dedicadas a la publicación de investigación original con autoría tradicional.

**Nuestra invitación**

DTL Press busca transformar el mundo de la publicación académica en el ámbito teológico de dos maneras. En primer lugar, queremos generar textos introductorios en todas las áreas del discurso teológico, de modo que nadie se vea obligado a "comprar un libro de texto" en ningún idioma. Nos imaginamos un futuro en el que los profesores puedan utilizar uno, dos o incluso una serie completa de estos libros como textos introductorios en sus cursos. En segundo lugar, buscamos publicar monografías académicas con autoría tradicional para su distribución gratuita en acceso abierto, dirigidas a una audiencia académica avanzada.

Finalmente, DTL Press es una editorial no confesional, por lo que publicará obras en cualquier área de los estudios religiosos. Los libros de autoría tradicional son sometidos a revisión por pares, mientras que la creación de libros introductorios generados por IA está abierta a cualquier experto con la preparación adecuada para supervisar la generación de contenido en su respectiva área de especialización.

Si compartes el compromiso de DTL Press con la credibilidad, accesibilidad económica y disponibilidad global, te invitamos a participar en esta iniciativa y contribuir a cambiar el mundo de la publicación teológica, ya sea a través de esta serie o mediante libros de autoría tradicional.

Con grandes expectativas,
*Thomas E. Phillips*
Director Ejecutivo de DTL Press
www.thedtl.org

# *Parte I*

# *Cómo enmarcar la conversación*

## *Ciencia y teología en el método*

# *Capítulo 1*
# *¿Qué está en juego?*

La relación entre la macroevolución y la teología cristiana suele plantearse como un conflicto de hechos, pero este planteamiento oscurece más de lo que aclara. En el centro del debate moderno no solo se encuentran cuestiones sobre la historia biológica, sino también temas más profundos relativos a la explicación, el significado y el alcance de la interpretación teológica. La teoría científica de la evolución, especialmente en su dimensión macroevolutiva, no se limita a proponer un mecanismo para el cambio biológico. También plantea interrogantes sobre la contingencia, la falta de propósito y la apariencia de diseño en la naturaleza. Para la teología cristiana, estas cuestiones no son secundarias. Abordan doctrinas de la creación, la providencia, la identidad humana y la inteligibilidad del mundo como creación de Dios.

La macroevolución se refiere al cambio evolutivo a gran escala, incluyendo el origen de nuevas especies y taxones de rango superior a lo largo de extensos periodos de tiempo. En la biología contemporánea, estos procesos se entienden como el resultado acumulativo de mecanismos como la mutación, la selección natural, la deriva genética y el flujo génico, que operan a lo largo del tiempo profundo. La síntesis moderna, que integró la genética mendeliana con la evolución darwiniana, proporciona el marco fundamental para explicar estos procesos en términos de genética de poblaciones. Desde esta perspectiva, la diversidad de la vida no es el resultado de actos discretos de creación, sino de procesos históricos continuos y ramificados. Esta explicación científica es ampliamente aceptada en las ciencias biológicas y está respaldada por líneas de evidencia convergentes de la genética, la paleontología, la anatomía comparada y la biología del desarrollo. La importancia teológica de la macroevolución surge no principalmente de sus mecanismos, sino de sus implicaciones para las interpretaciones tradicionales de la creación. La teología cristiana clásica a menudo ha hablado del mundo como intencionalmente ordenado y dirigido hacia propósitos divinos. En muchos relatos tradicionales, esta teleología se ha entendido en términos de diseño divino directo o actos creativos inmediatos. La explicación evolutiva de la vida parece, al menos superficialmente, reemplazar esa inmediatez creadora por procesos que no están dirigidos en un sentido intencional, aun cuando sean describibles mediante regularidades de tipo nomológico. Esto plantea la cuestión de si el propósito está ausente en la naturaleza o si debe reinterpretarse de una manera compatible con la historia evolutiva.

Otro punto de tensión reside en la interpretación de los textos sagrados. Los primeros capítulos del Génesis se han interpretado históricamente de diversas maneras dentro de la tradición cristiana, desde relatos históricos literales hasta narrativas ricamente simbólicas o teológicas. Sin embargo, en los debates modernos, estas opciones interpretativas suelen reducirse a una oposición simplista entre literalismo y rechazo. Esta dicotomía no da cuenta de la complejidad de la exégesis premoderna ni de la diversidad de estrategias interpretativas en la historia del cristianismo. El auge de la biología evolutiva ha intensificado la necesidad de esclarecer cómo se relaciona la interpretación de las Escrituras con las explicaciones científicas sobre los orígenes, especialmente cuando estas se refieren a los seres humanos.

En este debate, lo que está en juego no es solo la interpretación de las Escrituras, sino también la coherencia de las doctrinas teológicas mismas. La doctrina de la creación afirma que todo lo que existe depende de Dios como su origen. Sin embargo, la doctrina clásica no especifica en detalle el modo de la actividad creativa divina. Si la creación se entiende como formación instantánea, sustento continuo o mediada por causas secundarias sigue siendo una cuestión de interpretación teológica. La teoría evolutiva cuestiona ciertas lecturas restrictivas de la creación, pero no aborda, por sí misma, la cuestión metafísica de la dependencia de Dios. Por lo tanto, el desafío no reside simplemente en si la evolución es cierta, sino en cómo debe entenderse la acción creativa divina en relación con un mundo caracterizado por el desarrollo histórico y la contingencia biológica.

La doctrina de la providencia se ve igualmente interpelada. Si los procesos evolutivos son genuinamente indeterminados en ciertos niveles, particularmente a través de mecanismos como la mutación y la deriva genética, entonces la cuestión tradicional del gobierno divino debe reconsiderarse a la luz de los procesos estocásticos. Esto no implica la ausencia de orden divino, pero sí requiere una reflexión cuidadosa sobre cómo la intención divina se relaciona con procesos que no están explícitamente dirigidos hacia resultados específicos. La tarea teológica no consiste en eliminar la contingencia, sino en interpretarla dentro de un marco más amplio de acción providencial divina.

La singularidad humana plantea otro punto de tensión. La explicación científica de los orígenes humanos sitúa al Homo sapiens dentro de un continuo evolutivo más amplio. La genómica comparada y la paleoantropología sugieren que los humanos comparten un ancestro común con otros primates y que los rasgos distintivamente humanos surgieron gradualmente con el tiempo. Esto plantea interrogantes sobre la afirmación teológica de que los seres humanos fueron creados de forma única a imagen de Dios. La doctrina de la *Imago Dei* se ha interpretado históricamente de diversas maneras, incluyendo la capacidad racional, la agencia moral, la relacionalidad y la vocación. En un contexto evolutivo, estas interpretaciones deben reconsiderarse a la luz de la continuidad entre la vida humana y la no humana, sin por ello reducir las distinciones teológicas a categorías puramente biológicas.

La persistencia del desacuerdo en este ámbito no se debe únicamente a la incertidumbre empírica, sino que también refleja diferentes supuestos sobre la naturaleza misma de la explicación. La explicación científica, especialmente en biología evolutiva, busca dar cuenta de los fenómenos en términos de procesos naturales y causalidad histórica. La explicación teológica, en cambio, se centra en el fundamento último, el significado y la relación de todas las cosas con Dios. La confusión surge cuando estos marcos explicativos distintos se confunden o se contraponen innecesariamente. El reto consiste en articular un modelo en el que las explicaciones científicas y teológicas puedan coexistir sin competir por el mismo ámbito explicativo.

Por lo tanto, lo que está en juego en este debate no se limita a la aceptación o el rechazo de una teoría científica. Se extiende a la coherencia del lenguaje teológico en un mundo comprendido a través de la historia evolutiva. Si se toma en serio la macroevolución como explicación del desarrollo biológico, entonces la teología debe preguntarse cómo articular las doctrinas de la creación, la providencia, el pecado y la redención de manera que no dependan de supuestos científicos obsoletos. Al mismo tiempo, la teología debe resistir la tentación de reducir sus pretensiones a las categorías de la explicación científica, perdiendo así de vista sus propias preocupaciones distintivas.

En última instancia, lo que está en juego es la inteligibilidad de una visión unificada de la realidad. Para la teología cristiana, la afirmación de que el mundo fue creado por Dios implica que la realidad es, en principio, coherente y significativa. La teoría evolutiva no niega esta afirmación, pero sí complica la manera en que se entiende la coherencia. El objetivo de los capítulos siguientes consiste en explorar si es posible, y de qué manera, articular una doctrina de la creación y de la providencia que sea intelectualmente rigurosa a la luz de la biología contemporánea, al mismo tiempo que permanezca fiel a los compromisos centrales de la teología cristiana.

# *Capítulo 2*
# *La naturaleza y los límites de la explicación científica*

La investigación científica ha alcanzado un éxito extraordinario en la descripción, predicción y manipulación del mundo natural; sin embargo, su poder no es ilimitado ni autoexplicativo. Un análisis riguroso de la explicación científica requiere atención no solo a sus métodos y supuestos, sino también a los límites filosóficos dentro de los cuales opera. Fundamentales para este debate son la distinción entre naturalismo metodológico y naturalismo metafísico, la naturaleza de la explicación en las ciencias históricas y los límites inherentes de la investigación empírica ante cuestiones de significado último. Estos temas iluminan tanto la fuerza de la ciencia en cuanto modo disciplinado de conocimiento como la necesidad de situarla dentro de un marco intelectual más amplio.

El naturalismo metodológico se refiere al principio operativo según el cual la investigación científica procede buscando las causas naturales de los fenómenos naturales. No se trata de una cosmovisión exhaustiva, sino más bien de una regla de método que deja de lado las cuestiones sobrenaturales para generar hipótesis comprobables y resultados reproducibles. Esta restricción metodológica ha demostrado ser indispensable para la coherencia y el progreso de la ciencia, ya que garantiza que las explicaciones sean accesibles al público y estén sujetas a verificación o refutación empírica. Por el contrario, el naturalismo metafísico es una afirmación filosófica sobre la naturaleza de la realidad misma, que sostiene que solo existen entidades y procesos naturales y que no hay una dimensión trascendente o sobrenatural. Si bien el naturalismo metodológico es ampliamente aceptado en la comunidad científica como una necesidad práctica, el naturalismo metafísico trasciende el ámbito de la ciencia empírica y se adentra en el dominio de la interpretación filosófica. La confusión entre estas dos formas de naturalismo suele generar confusión, ya que el éxito del método científico a veces se utiliza para justificar una afirmación ontológica exhaustiva que el método en sí mismo no implica. Reconocer esta distinción es crucial para cualquier interacción matizada entre ciencia y religión, ya que permite la integridad de la práctica científica sin descartar prematuramente las posibilidades metafísicas.

La naturaleza de la explicación en las ciencias históricas complica aún más el panorama del conocimiento científico. Disciplinas como la cosmología, la geología, la biología evolutiva y la paleontología buscan reconstruir eventos pasados que no son directamente observables ni pueden repetirse experimentalmente. En estos campos, la explicación adopta la forma de una inferencia a la mejor explicación, recurriendo a la evidencia disponible para construir narrativas coherentes sobre la historia del universo, la Tierra y la vida misma. Dichas explicaciones dependen en gran medida de huellas, patrones y regularidades preservadas en el presente, desde registros fósiles hasta la radiación cósmica de fondo. Si bien emplean los mismos compromisos metodológicos que las ciencias experimentales, las ciencias históricas difieren en su estructura epistémica, ya que deben dirimir entre hipótesis contrapuestas basándose en el poder explicativo, la coherencia y la consiliencia, en lugar de solo en la experimentación controlada. Esto no las hace menos científicas, pero sí resalta la dimensión interpretativa inherente a la reconstrucción del pasado. Los modelos explicativos desarrollados en estas disciplinas suelen ser provisionales y estar sujetos a revisión a la luz de nuevas evidencias, lo que subraya el carácter dinámico y falible del conocimiento científico.

Los límites de la investigación empírica se hacen particularmente evidentes cuando se le pide a la ciencia que aborde cuestiones que trascienden sus fronteras metodológicas. Los métodos empíricos son idóneos para responder preguntas sobre el funcionamiento del mundo natural, pero no están preparados para determinar por qué existe algo en lugar de nada, cuál es el propósito o significado último de la existencia, ni cómo se fundamentan los valores morales y estéticos. Estas preguntas no son simplemente versiones más complejas de problemas científicos; son cualitativamente diferentes. Los intentos de reducirlas a términos empíricos suelen dar lugar a errores de categoría, ya que imponen los criterios de un ámbito a otro donde no se aplican adecuadamente. Esto no disminuye la importancia de la ciencia; más bien, clarifica su ámbito propio y evita la sobreextensión de su autoridad. La reflexión filosófica, la indagación teológica y otras formas de comprensión humana desempeñan un papel indispensable al abordar estas cuestiones más amplias, complementando, en lugar de competir, con la explicación científica.

En resumen, la explicación científica es un modo de comprensión poderoso pero limitado. Su compromiso con el naturalismo metodológico permite un conocimiento riguroso y fiable del mundo natural; sin embargo, este compromiso no debe confundirse con una doctrina metafísica exhaustiva. Las ciencias históricas demuestran la adaptabilidad del razonamiento científico en contextos donde la experimentación directa no es posible, al tiempo que revelan los elementos interpretativos implicados en la reconstrucción de eventos pasados. Finalmente, los límites de la investigación empírica nos recuerdan que la ciencia, a pesar de todos sus logros, no agota el abanico de preguntas significativas que los seres humanos pueden plantearse. Por lo tanto, una perspectiva equilibrada sobre ciencia y religión debe reconocer tanto la autoridad de la explicación científica dentro de su ámbito apropiado como la legitimidad de otras formas de investigación para abordar las dimensiones más profundas de la realidad.

## *Capítulo 3*
## *Método teológico y desarrollo doctrinal*

La formulación y transmisión de la doctrina teológica constituyen una empresa continua e históricamente condicionada, en la que las comunidades religiosas buscan articular su comprensión de la realidad divina de manera fiel a sus fuentes y, a la vez, sensible a las nuevas circunstancias intelectuales y culturales. El método teológico proporciona el marco dentro del cual se lleva a cabo esta tarea, guiando la interpretación de los materiales dotados de autoridad y configurando los criterios para evaluar las afirmaciones doctrinales. Entre los modelos más perdurables para describir este proceso se encuentra la interacción entre las Escrituras, la tradición, la experiencia y la razón. Estos elementos no funcionan como autoridades aisladas, sino como dimensiones de la reflexión teológica que se influyen mutuamente, contribuyendo cada uno al desarrollo y perfeccionamiento de la doctrina a lo largo del tiempo.

La Escritura se considera comúnmente la principal fuente normativa de la teología, especialmente dentro de las tradiciones abrahámicas. Se entiende que da testimonio de la revelación divina y, por lo tanto, posee una autoridad única para moldear la creencia y la práctica. Sin embargo, la autoridad de la Escritura no es automática; requiere interpretación, y dicha interpretación siempre se sitúa dentro de una comunidad. La tradición sirve como encarnación histórica de ese compromiso comunitario con la Escritura, abarcando credos, confesiones, prácticas litúrgicas y las ideas acumuladas de teólogos y autoridades eclesiales. A través de la tradición, los juicios interpretativos de generaciones anteriores se conservan y transmiten, proporcionando continuidad y cierta estabilidad doctrinal. No obstante, la tradición no es meramente conservadora; también es dinámica, ya que cada generación se apropia de las enseñanzas heredadas a la luz de nuevos contextos.

La experiencia introduce una dimensión adicional al método teológico al resaltar el papel de la realidad vivida en la configuración de la comprensión religiosa. Esto incluye no solo las experiencias espirituales individuales, sino también las experiencias colectivas de las comunidades, particularmente cuando se enfrentan al sufrimiento, la transformación y el cambio social. La experiencia puede funcionar como catalizador de la reflexión teológica, impulsando la reconsideración de las interpretaciones establecidas y planteando nuevas preguntas sobre la adecuación de las doctrinas existentes. En muchos movimientos teológicos modernos, como la teología de la liberación y la teología feminista, la experiencia se ha convertido en un punto de referencia fundamental para la reflexión, desafiando las formulaciones tradicionales que pueden haber pasado por alto o marginado ciertas perspectivas. La razón, finalmente, proporciona las herramientas analíticas y constructivas necesarias para articular afirmaciones teológicas con claridad y coherencia. Permite que la teología se comprometa críticamente con sus fuentes, extraiga inferencias lógicas y entable un diálogo con otras disciplinas, incluyendo la filosofía y las ciencias naturales. La integración de las Escrituras, la tradición, la experiencia y la razón constituye, por lo tanto, un proceso complejo y dialógico, en el que la comprensión teológica se negocia y refina continuamente.

Un aspecto central de este proceso es la interpretación, especialmente en lo que respecta a la lectura de textos sagrados. La historia de la teología revela una amplia gama de enfoques interpretativos, a menudo clasificados en tradiciones literales y no literales. La interpretación literal busca discernir el significado de un texto según su contexto gramatical e histórico, atendiendo a las intenciones de sus autores y a las convenciones de sus formas literarias. Este enfoque se ha visto reforzado en la investigación moderna por el desarrollo de métodos histórico-críticos, cuyo objetivo es situar los textos en sus contextos culturales y lingüísticos originales. Al mismo tiempo, los enfoques no literales han desempeñado un papel importante en la interpretación teológica, reconociendo que los textos sagrados emplean con frecuencia metáforas, simbolismos y estructuras narrativas que transmiten significados más allá de lo superficial. Las lecturas alegóricas, tipológicas y espirituales se han utilizado históricamente para descubrir un significado teológico más profundo, permitiendo que los textos aborden realidades que trascienden su contexto histórico inmediato.

La coexistencia de tradiciones interpretativas literales y no literales refleja la conciencia de que el lenguaje bíblico es polivalente y que su significado no puede agotarse con una sola lectura. El desafío para la metodología teológica reside en discernir cuándo y cómo es apropiado cada enfoque, evitando tanto el literalismo reduccionista como la alegorización desenfrenada. Esto requiere una atención cuidadosa al género, el contexto y el marco canónico más amplio en el que se sitúan los textos individuales. Implica, asimismo, un diálogo constante entre el pasado y el presente, ya que los intérpretes contemporáneos buscan mantenerse fieles al testimonio original de las Escrituras al tiempo que abordan las preguntas e inquietudes de su propio tiempo.

El desarrollo de la doctrina surge de esta compleja interacción entre fuentes y prácticas interpretativas. Si bien las tradiciones religiosas suelen afirmar la verdad perdurable de sus enseñanzas fundamentales, la articulación de estas está sujeta al desarrollo histórico. La continuidad doctrinal se mantiene mediante la adhesión a las fuentes fundacionales y la preservación de los compromisos teológicos clave; sin embargo, esta continuidad no excluye el cambio. Más bien, el desarrollo doctrinal a menudo implica la clarificación, la ampliación o la reformulación de las creencias existentes en respuesta a nuevos desafíos. Ejemplos históricos como la formulación de la ortodoxia de los credos ilustran cómo la reflexión teológica puede conducir a definiciones más precisas de la fe, a menudo a través de procesos de debate y controversia.

Al mismo tiempo, la posibilidad de revisión doctrinal introduce una dimensión crítica en el método teológico. No todos los avances son inequívocamente progresivos, y las comunidades religiosas deben evaluar continuamente si ciertos cambios representan un crecimiento legítimo o una desviación de las verdades esenciales. Esta evaluación suele implicar múltiples criterios, como la fidelidad a las Escrituras, la coherencia con la tradición más amplia, la atención a la experiencia vivida y la consistencia racional. La tensión entre continuidad y revisión es particularmente evidente en el discurso teológico contemporáneo, donde cuestiones como el avance científico, la transformación ética y el encuentro intercultural ponen a prueba las doctrinas establecidas. En tales contextos, la teología debe afrontar la delicada tarea de mantenerse arraigada en sus compromisos fundacionales, al tiempo que demuestra capacidad de autocorrección crítica y renovación.

En conclusión, el método teológico y el desarrollo doctrinal se comprenden mejor como procesos dinámicos e interrelacionados que se desarrollan en el seno de una comunidad a lo largo del tiempo. La integración de las Escrituras, la tradición, la experiencia y la razón proporciona un marco multifacético para abordar las fuentes de la fe, mientras que diversas estrategias interpretativas garantizan que estas fuentes se adapten a los contextos cambiantes. La tensión entre la continuidad y la revisión doctrinal refleja el esfuerzo constante por equilibrar la fidelidad y la adaptabilidad, preservando la integridad de la creencia religiosa y permitiendo un crecimiento genuino en la comprensión. Este carácter dinámico no es una debilidad, sino una característica definitoria de la teología, que le permite abordar cuestiones perdurables sobre el significado y la verdad de una manera históricamente fundamentada y con rigor intelectual.

# *Parte II*

# *El marco científico*

# *Capítulo 4*
# *Darwin y el origen de la teoría (macro)evolutiva*

El surgimiento de la teoría de la evolución en el siglo XIX marcó un punto de inflexión decisivo en la comprensión científica de la vida, transformando radicalmente las concepciones de la diversidad biológica, la adaptación y la historia de los organismos vivos. En el centro de esta transformación se encuentra Charles Darwin, cuya formulación de la selección natural proporcionó un marco explicativo unificador para fenómenos que anteriormente se habían interpretado mediante modelos estáticos u orientados al diseño. La obra de Darwin no surgió de forma aislada, sino que se basó en avances previos en geología, historia natural y teoría de poblaciones; sin embargo, fue su síntesis la que estableció la evolución como un paradigma científicamente sólido y perdurable. Las implicaciones de este paradigma trascendieron la biología, impulsando una profunda reflexión teológica y planteando interrogantes fundamentales sobre la naturaleza del propósito y el diseño en el mundo natural.

La teoría de la selección natural de Darwin, articulada con mayor detalle en su obra de 1859, *On the Origin of Species,* se basa en varias observaciones clave sobre el mundo natural. Los organismos presentan variación en sus características, y algunas de estas variaciones son hereditarias. Al mismo tiempo, se producen más individuos de los que pueden sobrevivir, lo que da lugar a una lucha por la existencia en la que las presiones ambientales influyen en qué organismos tienen más probabilidades de sobrevivir y reproducirse.

A lo largo de sucesivas generaciones, las características ventajosas se vuelven más comunes dentro de las poblaciones, lo que resulta en una adaptación gradual a contextos ecológicos específicos. Este proceso, que opera sin previsión ni dirección predeterminada, explica la aparición de estructuras biológicas complejas y la diversificación de las especies a partir de ancestros comunes. El gran aporte de Darwin consistió en reconocer que el efecto acumulativo de pequeños cambios incrementales, guiados por la supervivencia y la reproducción diferenciales, podía producir las intrincadas formas observadas en la naturaleza sin necesidad de una intervención directa y constante por parte de un diseñador externo.

La fuerza científica de la selección natural reside en su alcance explicativo y su capacidad para generar predicciones comprobables. Proporciona una explicación coherente de fenómenos como las estructuras homólogas, la distribución biogeográfica y el registro fósil, que apuntan a una historia evolutiva compartida. Los avances posteriores en genética, en particular la integración de la herencia mendeliana con la teoría evolutiva en el siglo XX, han reforzado y perfeccionado aún más el marco original de Darwin. La síntesis moderna ha demostrado cómo surge y se transmite la variación genética, ofreciendo una comprensión más detallada de los mecanismos subyacentes al cambio evolutivo. Como resultado, la teoría evolutiva se ha convertido en un principio organizador central en las ciencias de la vida, dando forma a la investigación en diversas disciplinas, desde la biología molecular hasta la ecología.

La recepción de las ideas de Darwin en contextos teológicos fue variada y a menudo compleja. Las primeras reacciones abarcaron desde el rechazo absoluto hasta la aceptación cautelosa y la reinterpretación creativa. Algunos teólogos percibieron la teoría evolutiva como un desafío directo a las lecturas tradicionales de los textos sagrados, en particular a aquellas que parecían describir la creación de las especies como fija y distinta. Otros, sin embargo, buscaron conciliar los procesos evolutivos con los compromisos teológicos, considerando la selección natural como un medio a través del cual la providencia divina podía operar. Figuras como Asa Gray en Estados Unidos y Frederick Temple en Inglaterra ejemplificaron los intentos de integrar las ideas darwinianas en un marco teológico más amplio, argumentando que la aparente aleatoriedad de la variación y la selección no excluye la posibilidad de un propósito subyacente o una intencionalidad divina.

Al mismo tiempo, la teoría de Darwin planteó interrogantes más profundos sobre la naturaleza del sufrimiento, la muerte y la competencia en el mundo natural. El énfasis en la lucha y la supervivencia diferencial parecía difícil de conciliar con las concepciones tradicionales de una creación benevolente y ordenada. Esta tensión impulsó una renovada reflexión sobre las doctrinas de la creación, la providencia y el problema del mal, a medida que los teólogos lidiaban con las implicaciones de un mundo en el que la vida surge a través de procesos que implican extinción y conflicto. La diversidad de respuestas teológicas ilustra la adaptabilidad del pensamiento religioso al interactuar con nuevos conocimientos científicos, así como los desafíos persistentes que plantean los intentos de integrar diferentes modos de comprensión.

Una de las consecuencias filosóficas más significativas de la evolución darwiniana reside en su impacto sobre la teleología clásica, la concepción de que los fenómenos naturales están dirigidos hacia fines o propósitos específicos. En el pensamiento predarwiniano, particularmente dentro de los marcos aristotélicos y medievales, el diseño y la funcionalidad aparentes de las estructuras biológicas se interpretaban a menudo como evidencia de un propósito intrínseco, reflejo de las tendencias inmanentes de la naturaleza o del diseño intencional de un creador. La teoría de Darwin ofreció una explicación alternativa, mostrando cómo la apariencia de diseño podía surgir de los efectos acumulativos de la selección natural actuando sobre la variación aleatoria. Esto no eliminó necesariamente el lenguaje teleológico de la biología, pero transformó su significado. En lugar de referirse a propósitos intrínsecos o impuestos externamente, las descripciones teleológicas se entendieron cada vez más en términos de adaptación funcional moldeada por procesos evolutivos.

El desafío a la teleología clásica ha generado un debate constante tanto en círculos científicos como filosóficos. Algunos sostienen que la teoría evolutiva vuelve obsoletas las nociones tradicionales de propósito, reduciendo el diseño aparente al subproducto de mecanismos impersonales. Otros, en cambio, buscan reinterpretar la teleología de manera compatible con las explicaciones evolutivas, sugiriendo que el propósito puede entenderse en diferentes niveles o con distintos sentidos. Por ejemplo, si bien la selección natural no opera con intención consciente, las estructuras que produce pueden describirse en términos de sus funciones dentro de un organismo o ecosistema. En contextos teológicos, esto ha impulsado nuevos esfuerzos por articular concepciones de la acción divina que no entren en conflicto con la autonomía de los procesos naturales, enfatizando a menudo la compatibilidad de los mecanismos evolutivos con explicaciones metafísicas o teológicas más amplias sobre el propósito.

En conclusión, la teoría de la selección natural de Darwin representa un desarrollo fundamental en la comprensión científica de la vida, al proporcionar una explicación poderosa y unificadora de la diversidad biológica y la adaptación. Su recepción dentro de las tradiciones teológicas ha estado marcada tanto por la tensión como por la creatividad, reflejando la complejidad de integrar nuevos paradigmas científicos con marcos de creencias establecidos. El desafío que plantea a la teleología clásica ha estimulado una reflexión continua sobre la naturaleza del propósito y el diseño, alentando tanto a científicos como a teólogos a reconsiderar supuestos arraigados. De este modo, el legado de la evolución darwiniana se extiende mucho más allá de los límites de la biología, y continúa dando forma a los debates interdisciplinarios sobre la relación entre ciencia, filosofía y religión.

## *Capítulo 5*
## *La síntesis moderna*

La síntesis moderna, a menudo denominada síntesis neodarwiniana, representa una consolidación fundamental en las ciencias biológicas a principios y mediados del siglo XX, al unir la teoría de la selección natural de Darwin con la emergente ciencia de la genética. Esta síntesis proporcionó un marco matemáticamente riguroso y empíricamente fundamentado para comprender la evolución como un proceso impulsado por cambios en las frecuencias génicas dentro de las poblaciones a lo largo del tiempo. Al integrar conocimientos de la genética, la sistemática, la paleontología y la historia natural, la síntesis moderna transformó la teoría evolutiva de un marco explicativo predominantemente descriptivo en una ciencia predictiva y cuantitativamente precisa. Su desarrollo marcó un punto de inflexión en la biología, estableciendo un paradigma coherente que continúa influyendo en la investigación en múltiples disciplinas.

La integración de la genética y la evolución fue posible gracias al redescubrimiento del trabajo de Gregor Mendel sobre la herencia a principios del siglo XX. La genética mendeliana demostró que los rasgos se transmiten a través de unidades discretas, posteriormente identificadas como genes, que conservan su integridad a lo largo de las generaciones. Inicialmente, esto pareció contradecir el énfasis de Darwin en la variación gradual, ya que las primeras interpretaciones del mendelismo parecían respaldar cambios discontinuos y a gran escala en lugar de una evolución incremental. La resolución de esta tensión se produjo con el desarrollo de la genética de poblaciones, que demostró que la variación continua podía surgir de los efectos combinados de muchos genes, cada uno de los cuales aportaba pequeñas diferencias al fenotipo de un organismo. Al modelar cómo cambian las frecuencias génicas bajo la influencia de la selección natural, la mutación, la migración y la deriva genética, los genetistas de poblaciones pudieron conciliar la herencia mendeliana con la evolución darwiniana, demostrando que el cambio evolutivo gradual es compatible con la genética particulada.

Fundamentales para este logro intelectual fueron las contribuciones de figuras clave como Ronald A. Fisher, JBS Haldane y Sewall Wright, cuyo trabajo sentó las bases teóricas de la genética de poblaciones. La formulación de Fisher del teorema fundamental de la selección natural proporcionó una descripción matemática de cómo la tasa de aumento de la aptitud dentro de una población se relaciona con la varianza genética. Su trabajo enfatizó el poder de la selección natural como fuerza impulsora de la evolución e introdujo métodos estadísticos que se volvieron esenciales para la investigación biológica. Haldane aportó una serie de modelos que exploraron la dinámica de la selección bajo diversas condiciones, incluyendo los efectos de las tasas de mutación y las presiones ambientales. Su trabajo ayudó a cuantificar la velocidad y la eficiencia con la que los rasgos ventajosos podían propagarse a través de las poblaciones. Wright, por el contrario, se centró en el papel de la deriva genética y la estructura de las poblaciones, introduciendo conceptos como paisajes adaptativos y la teoría del equilibrio cambiante. Enfatizó que la evolución no está impulsada únicamente por la selección, sino también por procesos estocásticos y la interacción entre subpoblaciones. En conjunto, estos pensadores establecieron un marco integral para analizar el cambio evolutivo, combinando elementos deterministas y probabilísticos en una teoría unificada.

La genética de poblaciones se convirtió en el núcleo de la síntesis moderna, proporcionando las herramientas conceptuales y matemáticas necesarias para estudiar la evolución a nivel de poblaciones, en lugar de individuos. Dentro de este marco, la evolución se define como un cambio en la frecuencia de alelos dentro de un acervo genético a lo largo de generaciones sucesivas. Esta perspectiva permite un análisis preciso de los mecanismos que impulsan el cambio evolutivo, incluyendo la selección natural, que favorece los rasgos ventajosos; la mutación, que introduce nueva variación genética; el flujo genético, que transfiere alelos entre poblaciones; y la deriva genética, que produce fluctuaciones aleatorias en las frecuencias alélicas. La interacción entre estos mecanismos determina la trayectoria de los procesos evolutivos, dando forma a los patrones de adaptación y diversificación.

La adaptación ocupa un lugar central dentro de la síntesis moderna, entendida como el proceso mediante el cual los organismos se adecuan mejor a sus entornos a través de la supervivencia y reproducción diferencial de individuos con rasgos favorables. La síntesis enfatizó que las adaptaciones surgen de forma incremental a través de la acumulación de pequeños cambios genéticos, cada uno sujeto a presiones selectivas. Este compromiso con el gradualismo distinguió la síntesis moderna de teorías anteriores que postulaban grandes saltos evolutivos discontinuos. El gradualismo proporcionó una explicación coherente para la continuidad observada en el registro fósil y para las estructuras complejas que se encuentran en los organismos vivos, las cuales podían entenderse como el resultado de la acumulación a largo plazo de modificaciones menores. Al mismo tiempo, la síntesis reconoció que las tasas evolutivas pueden variar, con períodos de relativa estabilidad interrumpidos por cambios más rápidos bajo ciertas condiciones.

El alcance explicativo de la síntesis moderna es extenso y abarca una amplia gama de fenómenos biológicos. Explica el origen de las especies mediante mecanismos como el aislamiento reproductivo y la divergencia, describe los patrones de variación genética dentro y entre poblaciones, y proporciona un marco para comprender la relación entre genotipo y fenotipo. Su influencia se extiende a campos aplicados como la agricultura, la medicina y la biología de la conservación, donde los principios evolutivos se utilizan para abordar desafíos prácticos, desde la gestión de recursos genéticos hasta el control de enfermedades. La síntesis también estableció un lenguaje común y un conjunto de supuestos que facilitaron la colaboración interdisciplinaria, unificando áreas de investigación biológica previamente dispares.

A pesar de su éxito, la síntesis moderna ha reconocido limitaciones que han impulsado nuevos desarrollos en la teoría evolutiva. Una de estas limitaciones reside en su enfoque principal en los procesos centrados en los genes, que, si bien son poderosos, pueden no abarcar por completo la complejidad de los sistemas biológicos. Investigaciones posteriores han resaltado la importancia de factores adicionales, como los procesos de desarrollo, los mecanismos epigenéticos y las interacciones ecológicas, que pueden influir en los resultados evolutivos de maneras que la genética de poblaciones clásica no contempla del todo. La síntesis también tendió a enfatizar el cambio gradual, subestimando en ocasiones el papel de procesos más rápidos o discontinuos, como se exploró posteriormente en teorías como el equilibrio puntuado. Además, los avances en biología molecular han revelado niveles de complejidad genética, como la regulación génica y la transferencia horizontal de genes, que se extienden más allá del marco original de la síntesis.

En conclusión, la síntesis moderna representa un logro fundamental en la comprensión científica de la evolución, al integrar la genética y la selección natural en un marco coherente y predictivo. Gracias a las contribuciones de figuras como Fisher, Haldane y Wright, estableció la genética de poblaciones como la disciplina central para el análisis del cambio evolutivo y enfatizó el papel de la adaptación y el gradualismo en la configuración de la diversidad biológica. Si bien los desarrollos posteriores han ampliado y perfeccionado sus principios, la síntesis moderna sigue siendo una piedra angular de la biología evolutiva, proporcionando el fundamento conceptual sobre el cual se construye la investigación contemporánea.

# Capítulo 6
# Macroevolución y tiempo profundo

La macroevolución se refiere al cambio evolutivo a nivel de especie o superior, abarcando los patrones y procesos a gran escala que dan forma a la historia de la vida en escalas de tiempo geológicas. A diferencia de la microevolución, que se centra en los cambios en las frecuencias alélicas dentro de las poblaciones, la macroevolución examina el surgimiento de nuevas especies, la diversificación de linajes y las trayectorias generales de la innovación y extinción biológicas. Fundamental para esta perspectiva es el concepto de tiempo profundo, el inmenso marco temporal revelado por la geología y la paleontología, dentro del cual se desarrollan los procesos evolutivos. El reconocimiento de que la Tierra tiene miles de millones de años proporciona el contexto necesario para comprender cómo los cambios graduales, que operan durante vastos periodos de tiempo, pueden dar lugar a la complejidad y diversidad observadas en la biosfera.

La especiación, el proceso por el cual surgen nuevas especies, es un mecanismo fundamental de la macroevolución. Generalmente ocurre cuando las poblaciones se aíslan reproductivamente, lo que permite que la divergencia genética se acumule con el tiempo. La especiación alopátrica, en la que las barreras geográficas separan las poblaciones, ha sido ampliamente documentada y sigue siendo uno de los modos de formación de especies mejor respaldados. Otros mecanismos, como la especiación simpátrica, implican la aparición de aislamiento reproductivo dentro de un entorno compartido, a menudo impulsado por la especialización ecológica o la diferenciación conductual. La acumulación de diferencias genéticas finalmente da como resultado poblaciones que ya no pueden reproducirse entre sí, lo que marca la formación de especies distintas. A lo largo de extensos periodos de tiempo, los ciclos repetidos de especiación contribuyen a los patrones de ramificación de los linajes evolutivos, produciendo la estructura arbórea de la vida.

La extinción es el proceso complementario a la especiación y desempeña un papel igualmente importante en la configuración de los patrones macroevolutivos. Si bien la extinción natural ocurre continuamente a medida que las especies no logran adaptarse a las condiciones cambiantes, la historia de la vida está marcada por eventos de extinción masiva que eliminan una proporción sustancial de la biodiversidad global en períodos relativamente cortos. Eventos como las extinciones del Pérmico-Triásico y del Cretácico-Paleógeno transformaron drásticamente los ecosistemas, abriendo nichos ecológicos y permitiendo la posterior radiación de los linajes supervivientes. Estos patrones ilustran que la macroevolución no es un proceso constante y uniforme, sino que se caracteriza por interrupciones y recuperaciones episódicas, en las que tanto los factores bióticos como los abióticos influyen en las trayectorias evolutivas.

El registro fósil constituye la base empírica fundamental para el estudio de la macroevolución y el tiempo profundo. Los fósiles conservan los restos o huellas de organismos del pasado, ofreciendo evidencia directa de las formas que han existido y los cambios que han experimentado. Si bien el registro fósil es inherentemente incompleto debido a la naturaleza selectiva de la preservación, revela patrones consistentes de sucesión, con organismos más simples que aparecen en estratos más antiguos y formas más complejas que emergen posteriormente. Los fósiles de transición son de particular importancia, ya que documentan etapas intermedias entre grupos principales, ilustrando la modificación gradual de las estructuras a lo largo del tiempo. Ejemplos como la transición de mamíferos terrestres a ballenas, o de dinosaurios terópodos a aves, proporcionan evidencia convincente de la continuidad evolutiva y la transformación de las características anatómicas. Los avances en las técnicas de datación, incluidos los métodos radiométricos, han refinado aún más el marco temporal del registro fósil, permitiendo correlaciones más precisas entre eventos evolutivos y procesos geológicos.

La interpretación de los patrones macroevolutivos ha dado lugar a importantes debates sobre el papel relativo de la contingencia y la convergencia en la evolución. La contingencia enfatiza la dependencia histórica de los resultados evolutivos, sugiriendo que eventos fortuitos, como mutaciones aleatorias, fluctuaciones ambientales y extinciones masivas, pueden tener efectos profundos e irreversibles en el curso de la evolución. Desde esta perspectiva, la historia de la vida no está predeterminada, sino que está moldeada por una serie de eventos contingentes que podrían haberse desarrollado de manera diferente bajo circunstancias alternativas. El trabajo del paleontólogo Stephen Jay Gould, entre otros, ha resaltado la importancia de la contingencia, argumentando que si la historia de la vida se "repitiera," podría conducir a resultados completamente diferentes.

En contraste, la convergencia apunta a la tendencia de la evolución a producir soluciones similares a desafíos ambientales comparables, incluso entre linajes no relacionados. La evolución convergente se observa en características como las alas de aves, murciélagos e insectos, o las formas corporales hidrodinámicas de organismos acuáticos como delfines e ictiosaurios. Estas similitudes no surgen de un ancestro común, sino de las limitaciones y oportunidades impuestas por las leyes físicas y las condiciones ecológicas. La convergencia sugiere que, a pesar del papel de la contingencia, ciertos resultados evolutivos pueden ser más probables que otros, lo que refleja los paisajes adaptativos dentro de los cuales evolucionan los organismos. La interacción entre contingencia y convergencia proporciona, por lo tanto, una comprensión matizada de la dinámica evolutiva, reconociendo tanto la imprevisibilidad como las regularidades pautadas en la historia de la vida.

En conclusión, la macroevolución y el tiempo profundo ofrecen un marco integral para comprender los procesos a gran escala que han moldeado la diversidad de la vida en la Tierra. Mediante los mecanismos de especiación y extinción, los patrones revelados en el registro fósil y el diálogo constante entre contingencia y convergencia, la biología evolutiva proporciona una explicación rica y multifacética de la historia de la vida. Esta perspectiva subraya la complejidad del cambio evolutivo, destacando tanto los efectos acumulativos de los procesos a pequeña escala como el impacto transformador de los eventos a gran escala a lo largo de la vasta extensión del tiempo geológico.

## *Capítulo 7*
## *Desarrollos más allá de la síntesis moderna*

Si bien la síntesis moderna proporcionó un marco poderoso y unificador para comprender la evolución mediante la integración de la genética y la selección natural, los avances posteriores en biología han revelado capas adicionales de complejidad que se extienden más allá de su alcance original. Estos desarrollos no han desplazado los principios centrales de la síntesis, sino que han enriquecido significativamente y, en algunos casos, revisado su marco explicativo. Entre los avances más importantes se encuentran la biología evolutiva del desarrollo (*evo-devo*), la epigenética y la biología de sistemas, cada una de las cuales ha contribuido a una comprensión más completa de cómo se genera, limita y organiza el cambio evolutivo. Paralelamente, innovaciones teóricas como el concepto de equilibrio puntuado de Stephen Jay Gould han cuestionado las suposiciones sobre el ritmo y el modo de la evolución, mientras que los debates actuales en torno a la Síntesis Evolutiva Extendida buscan integrar estas diversas perspectivas en un marco conceptual más amplio.

La biología evolutiva del desarrollo, comúnmente conocida como *evo-devo*, investiga la relación entre los procesos genéticos y el desarrollo de la forma de los organismos. Al examinar cómo los cambios en la regulación génica influyen en el desarrollo embrionario, la *evo-devo* ha demostrado que modificaciones genéticas relativamente pequeñas pueden producir diferencias morfológicas significativas. Un aspecto central de este campo es el descubrimiento de genes del desarrollo altamente conservados, como los genes Hox, que desempeñan un papel crucial en la configuración de los planes corporales de diversos organismos. Estos hallazgos sugieren que la innovación evolutiva a menudo no surge de la aparición de genes completamente nuevos, sino de cambios en el momento, la ubicación y la intensidad de la expresión génica. La *evo-devo*, por lo tanto, resalta la importancia de las limitaciones y las potencialidades del desarrollo en la configuración de las trayectorias evolutivas, enfatizando que no todas las variaciones son igualmente probables y que la estructura de los sistemas de desarrollo canaliza la dirección del cambio evolutivo.

La epigenética introduce una nueva dimensión a la teoría evolutiva al centrarse en los cambios hereditarios en la expresión génica que no implican alteraciones en la secuencia de ADN subyacente. Mecanismos como la metilación del ADN, la modificación de las histonas y la regulación del ARN no codificante pueden influir en la activación o el silenciamiento de los genes, a menudo en respuesta a factores ambientales. Si bien los cambios epigenéticos suelen ser reversibles y pueden no persistir a lo largo de muchas generaciones, existe una creciente evidencia de que algunas modificaciones epigenéticas pueden transmitirse entre generaciones, contribuyendo así a la variación fenotípica sobre la que puede actuar la selección natural. Esto desafía la visión tradicional de que la herencia genética por sí sola explica la variación hereditaria, sugiriendo en cambio una interacción más compleja entre las influencias genéticas y ambientales. La epigenética no invalida los principios de la genética de poblaciones, sino que amplía el abanico de mecanismos a través de los cuales puede producirse el cambio evolutivo.

La biología de sistemas enriquece aún más el marco evolutivo al enfatizar la interconexión de los procesos biológicos en múltiples niveles de organización. En lugar de centrarse únicamente en genes o rasgos individuales, la biología de sistemas examina las redes de interacciones que dan lugar a fenotipos complejos. Estas redes incluyen circuitos de regulación génica, vías metabólicas e interacciones ecológicas, las cuales contribuyen a las propiedades emergentes de los sistemas vivos. Desde una perspectiva evolutiva, este enfoque subraya la importancia de considerar cómo los cambios en una parte de un sistema pueden tener efectos en cascada en todo el organismo. También destaca el papel de la robustez y la flexibilidad en los sistemas biológicos, ya que los organismos deben mantener la estabilidad funcional a la vez que conservan la capacidad de adaptarse a entornos cambiantes. Al integrar conocimientos de la biología molecular, la fisiología y la ecología, la biología de sistemas proporciona una comprensión más holística de los mecanismos subyacentes al cambio evolutivo.

Además de estos avances empíricos, los desarrollos teóricos también han transformado el pensamiento evolutivo. Una de las contribuciones más influyentes en este sentido es el concepto de equilibrio puntuado, propuesto por Stephen Jay Gould y Niles Eldredge en la década de 1970. Este modelo cuestiona el énfasis tradicional en el gradualismo al sugerir que el cambio evolutivo suele producirse en ráfagas relativamente rápidas, separadas por largos periodos de estabilidad o estasis. Según esta perspectiva, las especies pueden permanecer prácticamente inalteradas durante intervalos prolongados, con cambios morfológicos significativos concentrados durante episodios relativamente breves asociados a eventos de especiación. El equilibrio puntuado no niega el papel de la selección natural ni de la variación genética, pero propone un patrón temporal diferente para sus efectos. El modelo se apoya en ciertos patrones del registro fósil, donde las transiciones abruptas parecen ser más comunes que el cambio gradual y continuo. Sin embargo, sigue siendo objeto de debate, y algunos investigadores argumentan que las aparentes discontinuidades pueden reflejar lagunas en el registro fósil en lugar de una dinámica evolutiva genuina.

La acumulación de estos conocimientos ha dado lugar a propuestas para una Síntesis Evolutiva Extendida (SEE), un esfuerzo por ampliar los fundamentos conceptuales de la teoría evolutiva mediante la incorporación de mecanismos y perspectivas no abordados completamente por la síntesis moderna. Los defensores de la SEE argumentan que los modelos tradicionales hacen demasiado hincapié en los procesos centrados en los genes y la selección natural, subestimando el papel del sesgo del desarrollo, la plasticidad fenotípica, la construcción de nichos y la herencia extragenética. El sesgo del desarrollo se refiere a la tendencia de los sistemas de desarrollo a producir ciertas variaciones con mayor facilidad que otras, influyendo así en la dirección del cambio evolutivo. La plasticidad fenotípica destaca la capacidad de los organismos para modificar sus rasgos en respuesta a las condiciones ambientales, lo que a su vez puede moldear las presiones selectivas. La construcción de nichos enfatiza las formas en que los organismos modifican activamente sus entornos, influyendo así en la dinámica evolutiva de sí mismos y de otras especies. La herencia extragenética abarca mecanismos como la transmisión epigenética y la herencia cultural, que se extienden más allá de los marcos genéticos clásicos.

Los críticos de la Síntesis Evolutiva Extendida sostienen que muchos de estos fenómenos pueden integrarse en el marco teórico de la evolución sin necesidad de una revisión fundamental. Argumentan que la síntesis moderna siempre ha sido flexible y que sus principios básicos siguen siendo suficientes para explicar los procesos evolutivos. El debate entre defensores y críticos de la SEE refleja cuestiones más amplias sobre la naturaleza del progreso científico, incluyendo si los avances se comprenden mejor como extensiones graduales de las teorías existentes o como cambios de paradigma que requieren una reorganización conceptual sustancial.

En conclusión, los avances posteriores a la síntesis moderna han profundizado y ampliado significativamente la comprensión científica de la evolución. Campos como la biología evolutiva del desarrollo, la epigenética y la biología de sistemas han revelado nuevos mecanismos y niveles de organización que influyen en los procesos evolutivos, mientras que innovaciones teóricas como el equilibrio puntuado han impulsado una reconsideración del ritmo y el modo del cambio evolutivo. El debate actual en torno a la Síntesis Evolutiva Extendida ilustra la naturaleza dinámica y evolutiva de la teoría científica, a medida que los investigadores siguen integrando nuevos descubrimientos en un marco coherente. Lejos de socavar los fundamentos establecidos por la síntesis moderna, estos avances demuestran la vitalidad de la biología evolutiva como disciplina, capaz de adaptarse y crecer en respuesta a nuevas evidencias y perspectivas.

# *Parte III*

# *Análisis filosófico y teológico*

# Capítulo 8
# Azar, ley y acción divina

La relación entre azar y ley ocupa un lugar central en las explicaciones científicas del mundo natural, particularmente en disciplinas como la biología evolutiva y la física, donde los procesos probabilísticos operan dentro de marcos estables de regularidad. La ciencia moderna presenta una visión de la realidad en la que los eventos no están completamente determinados en un sentido estrictamente mecanicista ni carecen por completo de orden. En cambio, los fenómenos naturales surgen de la interacción entre la variación estocástica y la necesidad nomológica. Esta estructura dual plantea importantes interrogantes conceptuales al dialogar con las afirmaciones teológicas sobre la providencia y la acción divina. Desde una perspectiva científica, es esencial, en primer lugar, aclarar los significados de azar y necesidad dentro de la investigación empírica antes de considerar cómo estos conceptos se relacionan con interpretaciones metafísicas más amplias.

En biología evolutiva, la aleatoriedad se asocia principalmente con la mutación genética. Las mutaciones surgen a través de procesos como errores de replicación, recombinación e influencias ambientales como la radiación o la exposición a sustancias químicas. Estos eventos se describen como aleatorios porque ocurren sin tener en cuenta las necesidades adaptativas del organismo. Es decir, las mutaciones no están dirigidas a producir resultados beneficiosos; surgen independientemente de sus consecuencias. Sin embargo, la aleatoriedad en este contexto no implica la ausencia de causalidad. Los procesos mutacionales se rigen por mecanismos bioquímicos e interacciones físicas que pueden estudiarse y, hasta cierto punto, predecirse estadísticamente. Lo que es aleatorio es la distribución de las mutaciones con respecto a la aptitud, no su ocurrencia en sí misma.

La selección natural introduce una dimensión complementaria de necesidad. Mientras que las mutaciones generan variación de forma en gran medida no dirigida, la selección opera de manera sistemática y no aleatoria, favoreciendo rasgos que mejoran el éxito reproductivo en un entorno determinado. El entorno impone restricciones que determinan qué variaciones son ventajosas, neutras o perjudiciales. Con el tiempo, este proceso conduce a la acumulación de características adaptativas y al surgimiento de estructuras biológicas complejas. Así, el cambio evolutivo refleja una interacción entre la contingencia, derivada de la variación estocástica, y la necesidad, derivada de las presiones ambientales y las restricciones biológicas. Esta interacción no es exclusiva de la biología, sino que refleja un patrón más amplio en la explicación científica, donde los eventos probabilísticos ocurren dentro de sistemas estructurados regidos por leyes.

En ciencia, el concepto de ley se refiere a regularidades que describen relaciones consistentes entre variables físicas. Estas leyes, ya sean expresadas en las ecuaciones de la física o en los principios de la genética, proporcionan el marco dentro del cual se desarrollan los procesos naturales. Por lo general, no prescriben resultados de manera determinista en todos los niveles, sino que definen el rango de comportamientos posibles y sus probabilidades. En este sentido, la necesidad en ciencia suele ser estadística más que absoluta, particularmente en sistemas caracterizados por la complejidad o la indeterminación. Esta comprensión permite una explicación matizada de la causalidad en la que los patrones predecibles coexisten con elementos de imprevisibilidad.

Cuando se consideran las explicaciones científicas del azar y la ley junto con las doctrinas clásicas de la providencia, el debate trasciende la descripción empírica y se adentra en el ámbito de la interpretación filosófica y teológica. En los marcos teológicos tradicionales, la providencia se refiere a la manera en que un agente divino sostiene y gobierna el mundo. Las doctrinas clásicas suelen distinguir entre la providencia general, que abarca el funcionamiento regular de los procesos naturales, y la providencia especial, que implica eventos o resultados particulares que pueden entenderse como reflejo de propósitos divinos específicos. Sin embargo, desde una perspectiva científica, tales distinciones no se corresponden con diferencias observables en los procesos naturales, ya que la ciencia está metodológicamente comprometida con la explicación de los fenómenos en términos de causas naturales.

Un enfoque influyente para relacionar la acción divina con los procesos naturales es el modelo de concurrencia. Según esta perspectiva, la acción divina opera dentro y a través de las fuerzas causales de los sistemas naturales, en lugar de hacerlo paralelamente o en competencia con ellos. Las causas naturales se entienden como reales y efectivas, pero también se sustentan en un nivel de causalidad más profundo que no es accesible a la investigación empírica. Desde una perspectiva científica, este modelo no altera la estructura explicativa de las ciencias naturales, ya que no introduce variables ni mecanismos adicionales que puedan someterse a prueba experimentalmente. En cambio, ofrece una interpretación metafísica de los mismos procesos descritos por las teorías científicas, sugiriendo que tanto las regularidades de tipo nomológico como los eventos estocásticos pueden entenderse como participantes en un marco ontológico más amplio.

Otro enfoque se encuentra en los modelos no intervencionistas de la acción divina, que buscan preservar la integridad de las leyes naturales al tiempo que permiten la posibilidad de la influencia divina. Estos modelos suelen recurrir a características de la física moderna, en particular al papel de la indeterminación en los sistemas cuánticos, para argumentar que el mundo natural puede contener una auténtica apertura en ciertos niveles. Dentro de esta apertura, se propone, podría operar una forma de causalidad que no viole las leyes físicas, pero que no sea reducible a ellas. Si bien tales propuestas son filosóficamente interesantes, siguen siendo especulativas desde un punto de vista científico, ya que los métodos empíricos actuales no proporcionan un medio para distinguir entre la indeterminación puramente natural y cualquier otra forma de causalidad.

Es importante destacar que las cuestiones relativas a la acción divina quedan fuera del ámbito de la explicación científica propiamente dicha. La ciencia opera bajo el principio del naturalismo metodológico, buscando explicar los fenómenos observables mediante causas naturales e hipótesis comprobables. En consecuencia, no afirma ni niega la existencia de la intervención divina, sino que se mantiene neutral respecto a las afirmaciones metafísicas. Por lo tanto, las teorías de la providencia y la acción divina operan en un nivel de discurso diferente, abordando cuestiones sobre la causalidad última, el significado y el propósito, en lugar de los mecanismos de los procesos naturales.

En conclusión, la comprensión científica del azar y la ley proporciona un marco en el que la variación estocástica y la regularidad predecible se consideran aspectos complementarios de los procesos naturales. La teoría evolutiva ejemplifica esta relación mediante la interacción entre la mutación aleatoria y la selección natural, mientras que principios científicos más amplios resaltan la coexistencia de eventos probabilísticos y restricciones estructuradas. Al poner en diálogo estas ideas con conceptos teológicos como la providencia y los modelos de acción divina, queda claro que la ciencia y la teología abordan dimensiones de la realidad diferentes, pero potencialmente complementarias. Las explicaciones científicas describen cómo ocurren los procesos en el mundo natural, mientras que las interpretaciones teológicas buscan comprender su significado último, operando dentro de un ámbito de investigación distinto pero interrelacionado.

# *Capítulo 9*
# *Teleología después de Darwin*
## *Propósito, significado y dirección de la creación*

Una de las consecuencias intelectuales más significativas de la evolución darwiniana fue su desafío a las concepciones tradicionales de la teleología. Durante siglos, tanto filósofos como teólogos habían considerado el propósito como una característica fundamental del mundo natural. Los organismos parecían existir con fines identificables, las estructuras biológicas parecían estar ordenadas hacia funciones específicas, y el cosmos en general parecía inteligible precisamente porque reflejaba un orden racional y orientado a fines. La teoría de la evolución por selección natural de Darwin introdujo un marco explicativo radicalmente diferente. Las adaptaciones que antes se habían interpretado como evidencia de un diseño intencional ahora podían explicarse mediante los efectos acumulativos de la variación, la herencia y la selección que operan durante vastos períodos de tiempo. Este desarrollo llevó a muchos pensadores a concluir que el propósito había sido expulsado por completo de la naturaleza. Sin embargo, la historia de la teleología después de Darwin es considerablemente más compleja. En lugar de eliminar el propósito, la teoría evolutiva obligó a una profunda reconsideración de qué significa el propósito, dónde reside y cómo puede entenderse dentro de una cosmovisión científicamente fundamentada.

Antes del surgimiento de la teoría evolutiva moderna, la teleología ocupaba un lugar central en el pensamiento occidental. Aristóteles sostenía que comprender cualquier objeto requería comprender su causa final, el fin hacia el cual se dirigía. Las entidades naturales poseían tendencias intrínsecas que guiaban su desarrollo. Las semillas se convertían en plantas, los animales buscaban la supervivencia y la reproducción, y los seres humanos anhelaban el florecimiento según su naturaleza racional. La teología cristiana medieval incorporó este marco a una doctrina más amplia de la creación. Los propósitos evidentes en la naturaleza reflejaban la sabiduría del Creador, quien había ordenado todas las cosas hacia fines apropiados. El mundo natural se entendía como una jerarquía coherente de propósitos, fundamentada en última instancia en Dios.

El auge de la ciencia mecanicista durante el siglo XVII comenzó a debilitar la confianza en la teleología clásica. Cada vez más, los fenómenos naturales se explicaban mediante causas eficientes en lugar de causas finales. El movimiento, la gravedad y las interacciones físicas podían describirse matemáticamente sin referencia a propósitos u objetivos. Sin embargo, los organismos biológicos seguían resistiéndose a una interpretación puramente mecanicista. Su notable organización, aparente intencionalidad y compleja funcionalidad parecían requerir explicaciones que trascendieran la simple causalidad física. La teología natural floreció en este contexto, argumentando que la complejidad de los sistemas vivos apuntaba directamente a un designio divino. La famosa analogía del relojero ejemplificaba este razonamiento. Así como un reloj implica a un relojero debido a la intrincada disposición de sus piezas con un propósito claro, el mundo natural también parecía implicar a un diseñador inteligente.

Darwin transformó radicalmente este debate. La selección natural proporcionó un mecanismo capaz de producir estructuras que parecían diseñadas sin necesidad de un diseño directo. Los organismos con rasgos ventajosos tenían mayor probabilidad de sobrevivir y reproducirse, lo que permitía que dichos rasgos se volvieran cada vez más comunes en las poblaciones. A lo largo de inmensos periodos de tiempo, este proceso podía generar una complejidad y adaptación extraordinarias. Las características que parecían tener un propósito claro podían surgir mediante procesos naturales acumulativos, en lugar de mediante actos de diseño inmediatos. La apariencia de propósito ya no requería el propósito como categoría explicativa.

Este cambio fue intelectualmente revolucionario porque desafió uno de los argumentos tradicionales más sólidos a favor de la teleología. La adaptación ya no apuntaba directamente a un diseño intencional. El orden biológico podía surgir de procesos naturales que, en sí mismos, carecían de previsión o dirección consciente. La selección natural no planifica resultados futuros. No actúa en pos de objetivos predeterminados. Opera únicamente a través de la supervivencia y reproducción diferencial de los organismos en los entornos actuales. En consecuencia, muchos filósofos y científicos concluyeron que la teleología se había vuelto innecesaria. Lo que parecía ser un propósito era simplemente el resultado de mecanismos evolutivos ciegos.

Sin embargo, el aparente triunfo del pensamiento antiteleológico pronto se topó con dificultades. La explicación biológica continuó dependiendo en gran medida del lenguaje teleológico. Los científicos describen habitualmente los órganos en términos de funciones y los sistemas en términos de objetivos. El corazón bombea sangre, los pulmones facilitan la respiración y el sistema inmunitario defiende a los organismos contra los patógenos. Este lenguaje parece indispensable porque los sistemas vivos se organizan en torno a actividades que contribuyen a la supervivencia y la reproducción. Incluso si la teoría evolutiva explica cómo surgieron estas funciones, el lenguaje del propósito permanece profundamente arraigado en el discurso biológico.

Esta observación condujo al desarrollo del concepto de teleonomía. La teleonomía se refiere a la apariencia de orientación a objetivos producida por procesos naturales. Los organismos se comportan como si persiguieran propósitos porque la selección natural ha favorecido rasgos que promueven resultados exitosos. La teleonomía conserva la utilidad práctica del lenguaje teleológico, evitando al mismo tiempo los compromisos con la teleología metafísica tradicional. Los sistemas biológicos exhiben una organización funcional no porque hayan sido diseñados para propósitos específicos, sino porque la historia evolutiva ha seleccionado configuraciones que desempeñan funciones particulares de manera eficaz.

Sin embargo, la teleonomía deja importantes interrogantes sin respuesta. Si bien explica cómo surgen los sistemas funcionales, no explica completamente por qué la realidad posee la capacidad de generarlos. La teoría evolutiva presupone un universo regido por leyes estables, capaz de producir niveles crecientes de complejidad y estructurado de manera que permita el surgimiento de la vida. Por lo tanto, persiste la pregunta fundamental: ¿por qué existe un universo en el que pueden ocurrir procesos evolutivos? Las preocupaciones teleológicas reaparecen no a nivel de las adaptaciones individuales, sino a nivel de la inteligibilidad cósmica.

La filosofía contemporánea ha experimentado, por lo tanto, un renovado interés en la teleología, aunque a menudo en formas modificadas. Algunos filósofos sostienen que los organismos vivos exhiben formas genuinas de comportamiento orientado a un fin que no pueden reducirse por completo a procesos mecánicos. Los organismos se mantienen, regulan sus condiciones internas, reparan daños y responden de forma adaptativa a los desafíos ambientales. Estas actividades muestran una forma de finalidad inmanente. Según esta perspectiva, la finalidad no se impone externamente, sino que surge de la propia organización de los sistemas vivos.

El concepto de emergencia ha contribuido aún más a este debate. Las propiedades emergentes surgen cuando los sistemas complejos exhiben características que no son del todo predecibles a partir de sus partes constituyentes. La conciencia, la intencionalidad y la deliberación racional se citan a menudo como ejemplos. Los seres humanos son capaces de formular objetivos, evaluar alternativas y dirigir acciones hacia posibilidades futuras. Si bien estas capacidades surgen dentro de un marco evolutivo, introducen formas de intencionalidad que parecen irreductibles a descripciones puramente mecánicas. La emergencia de la agencia consciente plantea la posibilidad de que la teleología siga siendo una característica genuina de la realidad, incluso si opera de manera diferente a como lo suponían las explicaciones clásicas.

Para la teología, el desafío no es meramente filosófico, sino doctrinal. La teología cristiana ha afirmado consistentemente que la creación tiene un propósito, ya que se origina en el acto intencional de Dios. La teoría evolutiva complica esta afirmación al enfatizar la contingencia, la aleatoriedad y la imprevisibilidad histórica. El camino evolutivo que condujo a la humanidad no fue ni directo ni inevitable. Extinciones masivas, cambios ambientales e innumerables factores contingentes moldearon el curso de la vida. Si existe un propósito, parece operar a través de procesos caracterizados por la apertura, más que por un determinismo estricto.

Muchos teólogos contemporáneos han respondido distinguiendo entre propósito y previsibilidad. El propósito divino no requiere que cada evento esté predeterminado con todo detalle. Un compositor puede crear un marco musical dentro del cual se produce la improvisación. Un novelista puede otorgar a sus personajes una libertad significativa mientras guía la narrativa hacia una conclusión coherente. Del mismo modo, Dios puede crear un mundo con una auténtica apertura, sin dejar de dirigir la creación hacia su plenitud final. La contingencia evolutiva no niega necesariamente la providencia; puede ser, en cambio, uno de los medios a través de los cuales opera.

Esta perspectiva permite que la teología integre la ciencia evolutiva sin renunciar a su propósito. Las mutaciones pueden ser biológicamente aleatorias, aun cuando se produzcan dentro de una creación sustentada por la sabiduría divina. La selección natural puede operar mediante procesos causales ordinarios, sin dejar de estar enmarcada en la providencia divina. El propósito no reside en intervenciones aisladas, sino en la orientación general de la creación hacia su destino querido.

Esta perspectiva encuentra una expresión particular en la teología escatológica. En lugar de ubicar la teleología principalmente en los orígenes, muchos teólogos la sitúan en la futura consumación de la creación. El significado de la creación no reside simplemente en su origen, sino en su destino. La evolución describe el desarrollo histórico de la vida, pero la teología sitúa dicho desarrollo dentro de la narrativa más amplia de la creación, la redención y la consumación. El propósito último de la creación no se agota en las realidades biológicas presentes, sino que apunta más allá de ellas hacia una futura plenitud en Dios.

La teleología después de Darwin se comprende mejor, por lo tanto, no como el abandono del propósito, sino como su transformación. Darwin eliminó la necesidad de recurrir a explicaciones simplistas del diseño para la adaptación biológica, pero no eliminó las preguntas humanas más profundas sobre el significado, el valor y los fines últimos. La teoría evolutiva explica cómo surge la complejidad, pero no determina si esta tiene significado. Describe procesos, pero no resuelve cuestiones de propósito. En consecuencia, la reflexión teleológica sigue siendo una dimensión esencial de la investigación filosófica y teológica. El desafío ya no consiste en defender las concepciones predarwinianas del diseño, sino en articular una comprensión más rica del propósito, capaz de abarcar tanto las realidades de la historia evolutiva como la convicción perdurable de que la creación tiene sentido. En este sentido, Darwin no puso fin a la teleología, sino que impulsó su renovación.

# *Capítulo 10*
# *El mal natural y el sufrimiento evolutivo*

La doctrina de la creación siempre ha exigido que la teología afronte la realidad del sufrimiento. Desde los primeros tiempos de la reflexión cristiana, los creyentes se han preguntado cómo un mundo creado y sostenido por un Dios bueno puede contener dolor, muerte, pérdida y destrucción. Si bien este problema se ha centrado tradicionalmente en el sufrimiento humano y el mal moral, el surgimiento de la ciencia evolutiva ha ampliado significativamente su alcance. La biología evolutiva revela que el sufrimiento no es simplemente una característica de la historia humana, sino que está profundamente arraigado en la historia de la vida misma. Mucho antes de la aparición de los seres humanos, el mundo natural se caracterizaba por la depredación, la competencia, la enfermedad, la extinción y la muerte. La narrativa evolutiva presenta una imagen de la creación en la que el sufrimiento no es una interrupción ocasional de un orden armonioso, sino un elemento omnipresente de la existencia biológica. Esta realidad plantea uno de los desafíos más profundos para la teología contemporánea.

La magnitud del sufrimiento evolutivo es difícil de comprender. Durante cientos de millones de años, innumerables organismos lucharon por sobrevivir en entornos cambiantes. Los depredadores cazaban a sus presas, los parásitos explotaban a sus huéspedes y las catástrofes ambientales extinguían ecosistemas enteros. El registro fósil revela ciclos repetidos de aparición y extinción. Más del noventa y nueve por ciento de todas las especies que han existido están ahora extintas.

Ramas enteras de la historia de la vida florecieron durante millones de años solo para desaparecer para siempre. El mundo natural no se presenta como un paraíso estático, sino como un escenario dinámico y a menudo brutal de lucha y adaptación. Estas observaciones plantean interrogantes difíciles sobre la naturaleza de la creación y el carácter del Creador.

La teología cristiana tradicional asociaba frecuentemente el sufrimiento y la muerte con la Caída. Según muchas interpretaciones, la muerte entró en el mundo a través del pecado humano, perturbando una creación originalmente armoniosa. Esta comprensión se forjó a partir de lecturas del Génesis y se reforzó con tradiciones teológicas que consideraban la mortalidad como consecuencia de la rebelión de la humanidad contra Dios. Sin embargo, la ciencia evolutiva complejiza esta visión. Los fósiles demuestran que los organismos vivieron y murieron mucho antes de la aparición de los seres humanos. Existían relaciones depredadoras cientos de millones de años antes del surgimiento del Homo sapiens. Los eventos de extinción transformaron repetidamente la vida en la Tierra mucho antes de cualquier Caída histórica concebible. Si la muerte y el sufrimiento son anteriores a la humanidad, no pueden explicarse únicamente como resultado del pecado humano.

Esta constatación ha llevado a los teólogos a reconsiderar la relación entre la Caída y el mal natural. Algunos sostienen que la principal preocupación de los relatos bíblicos no es la muerte biológica, sino la alienación espiritual. Los seres humanos experimentan una forma singular de muerte en su alejamiento de Dios, una condición que surge del pecado y la rebelión. La mortalidad biológica, en cambio, podría pertenecer al orden creado mismo. Estas interpretaciones preservan el significado teológico de la Caída, al tiempo que reconocen la evidencia científica de la muerte prehumana. La Caída se convierte así en una narración sobre la relación de la humanidad con Dios, en lugar de una explicación para cada aspecto del sufrimiento en el mundo natural.

Aun cuando se distinga la muerte biológica de la muerte espiritual, el problema de fondo persiste. La historia evolutiva está plagada de un sufrimiento inmenso que no se puede conciliar fácilmente con las nociones tradicionales de bondad divina. Los animales experimentan dolor, miedo, lesiones y privaciones. La depredación suele implicar una lucha y una angustia prolongadas. Las enfermedades afectan tanto a individuos como a poblaciones. Los desastres naturales destruyen hábitats y extinguen especies. Si Dios es a la vez amoroso y poderoso, ¿por qué la creación se desarrollaría mediante procesos que implican un sufrimiento tan extenso?

Una respuesta enfatiza la naturaleza de una creación dinámica y en constante evolución. En lugar de crear un mundo estático y acabado, Dios pudo haber optado por crear un universo capaz de un desarrollo genuino. Los procesos evolutivos permiten la novedad, la diversidad y una complejidad creciente. Nuevas formas de vida emergen a través de las interacciones entre organismos y entornos a lo largo de vastos periodos de tiempo. Un mundo así posee un grado de libertad y apertura ausente en un sistema completamente predeterminado. Las mismas condiciones que permiten la creatividad y la emergencia también permiten la lucha, la competencia y la pérdida. El sufrimiento se convierte en una consecuencia inevitable de una creación genuinamente activa, en lugar de una predeterminada mecánicamente.

Esta perspectiva considera la creación no como un artefacto terminado, sino como un proceso continuo.

El universo está en constante devenir, en lugar de simplemente existir. La evolución representa una expresión de este carácter dinámico. El mundo natural posee la capacidad de generar nuevas formas de existencia, pero tal creatividad tiene un precio. Los organismos compiten por recursos limitados. Las condiciones ambientales cambian de forma impredecible. Las adaptaciones tienen éxito en algunos contextos y fracasan en otros. La libertad inherente a una creación en desarrollo conlleva vulnerabilidad y riesgo. Un mundo capaz de producir vida compleja puede ser necesariamente un mundo donde el sufrimiento sea posible.

Otro enfoque se centra en la relación entre sufrimiento y valor. La historia evolutiva ha generado bienes extraordinarios. El surgimiento de la conciencia, la inteligencia, la moral, la belleza, el amor y la cultura dependen de la larga historia del desarrollo de la vida. Los seres humanos son capaces de autorreflexión, creatividad, compasión y conciencia espiritual gracias a procesos evolutivos que abarcan miles de millones de años. Algunos teólogos sostienen que estos bienes son tan significativos que ayudan a justificar las vías evolutivas a través de las cuales surgieron. La existencia del sufrimiento no se convierte en algo bueno en sí mismo, pero puede entenderse dentro de un marco más amplio en el que los resultados valiosos surgen a través de procesos complejos y costosos.

Sin embargo, tales argumentos se enfrentan a importantes objeciones. Es difícil explicar por qué la aparición de ciertos bienes debería requerir cantidades tan inmensas de sufrimiento. La historia de la vida incluye innumerables criaturas cuyas experiencias parecen no estar relacionadas con el desarrollo de formas superiores de conciencia. Especies enteras vivieron y desaparecieron sin contribuir directamente a la existencia humana. El aparente derroche de la historia evolutiva sigue siendo uno de los aspectos más inquietantes del mundo natural. Por lo tanto, cualquier respuesta teológica debe evitar los intentos simplistas de minimizar el sufrimiento o reducirlo a un mero instrumento para alcanzar fines superiores.

Para muchos teólogos contemporáneos, la respuesta más significativa al sufrimiento evolutivo no se encuentra en explicaciones abstractas, sino en la persona de Jesucristo. El cristianismo no presenta a Dios como ajeno al sufrimiento de la creación. Por el contrario, proclama que Dios participa de la existencia de las criaturas mediante la encarnación. En Cristo, Dios experimenta hambre, fatiga, dolor, rechazo, sufrimiento y muerte. La crucifixión se erige como la máxima expresión de la solidaridad divina con la creación sufriente. En lugar de mantenerse distante de la angustia del mundo, Dios participa voluntariamente en ella.

Esta perspectiva cristológica transforma el debate sobre el mal natural. La pregunta ya no es simplemente por qué existe el sufrimiento, sino cómo se relaciona Dios con él. La cruz sugiere que el amor divino se revela no a través de la inmunidad al dolor, sino a través de la participación en él. La respuesta de Dios al sufrimiento no es meramente explicativa, sino redentora. El Creador carga con los sufrimientos de la creación desde dentro. Por lo tanto, el sufrimiento evolutivo se inscribe en una narrativa más amplia en la que Dios participa activamente en la sanación y restauración del mundo.

La resurrección profundiza aún más esta perspectiva al introducir el tema de la esperanza. La teología cristiana no considera el sufrimiento como la realidad final. La resurrección de Cristo apunta hacia la posibilidad de una transformación más allá de la muerte. Esta visión escatológica cobra especial importancia en el contexto de la historia evolutiva. El significado de la creación no puede determinarse únicamente por su estado actual. Si los propósitos de Dios se extienden más allá del estado actual del mundo, entonces el sufrimiento debe interpretarse a la luz de un cumplimiento futuro que aún no se ha realizado plenamente.

La escatología permite a la teología concebir la creación como inacabada. El mundo revelado por la ciencia evolutiva se caracteriza por la imperfección, la lucha y el anhelo. Sin embargo, la esperanza cristiana afirma que la creación avanza hacia una renovación futura en la que los propósitos de Dios se cumplirán plenamente. Este futuro incluye no solo a la humanidad, sino a toda la creación. La redención de la creación abarca todo lo que Dios ha hecho. La historia evolutiva, con toda su belleza y tragedia, se integra finalmente en una narrativa más amplia de restauración y plenitud.

Esta visión no elimina el misterio del sufrimiento. Muchas preguntas permanecen sin respuesta. ¿Por qué la creación tomó este camino en particular? ¿Por qué algunas formas de sufrimiento son tan severas? ¿Cómo deben entenderse las experiencias de las criaturas no humanas dentro de los propósitos redentores de Dios? Estas preguntas siguen desafiando tanto a teólogos como a filósofos. La ciencia evolutiva no ha resuelto el problema del mal natural; lo ha intensificado al revelar la inmensa profundidad y duración del sufrimiento en la historia de la vida.

Sin embargo, el sufrimiento evolutivo no tiene por qué conducir a la desesperación. Junto al sufrimiento, el proceso evolutivo ha generado una belleza, diversidad, resiliencia y creatividad extraordinarias. La misma historia que incluye la extinción y la muerte también incluye el surgimiento de la conciencia, la moral y la capacidad de amar. La teología busca integrar estas realidades sin reducirlas una a la otra. La creación es gloriosa y herida a la vez, bella y quebrantada. Es un mundo que aún se está transformando en lo que Dios desea que sea.

El desafío del mal natural en un mundo evolutivo sigue siendo, por tanto, una de las tareas más importantes para la teología contemporánea. Exige honestidad intelectual respecto a las realidades reveladas por la ciencia, a la vez que se conserva la fe en la bondad y fidelidad de Dios. La respuesta cristiana, en última instancia, no se basa en una explicación completa del sufrimiento, sino en la confianza en un Dios que crea, sustenta, sufre con la creación y promete su redención final. En esa esperanza, la teología encuentra los recursos para afirmar tanto la realidad del sufrimiento evolutivo como la bondad perdurable del Creador, que acompaña a la creación en cada etapa de su largo e inconcluso viaje.

# *Parte IV*

# *La humanidad desde una perspectiva evolutiva*

## *Capítulo 11*
## *Los orígenes humanos y la imagen de Dios*

Pocas áreas del diálogo entre la ciencia evolutiva y la teología cristiana han generado tanta discusión como la cuestión de los orígenes humanos. El tema trasciende con creces la historia biológica del Homo sapiens. Están en juego afirmaciones teológicas fundamentales sobre la singularidad humana, la responsabilidad moral, la capacidad espiritual y el significado de la doctrina de que la humanidad fue creada a imagen de Dios. La biología evolutiva sitúa a los seres humanos firmemente dentro de la historia más amplia de la vida, enfatizando la continuidad con otros organismos a través de un ancestro común y una herencia genética compartida. La teología cristiana, por su parte, ha enfatizado tradicionalmente los rasgos distintivos de la humanidad que fundamentan su relación especial con Dios. El desafío, por lo tanto, no es meramente científico o teológico de forma aislada, sino que concierne a la integración de dos perspectivas diferentes sobre lo que significa ser humano.

La teoría evolutiva moderna presenta una explicación detallada de los orígenes humanos, arraigada en la historia evolutiva de los primates. La evidencia fósil, la anatomía comparada, la genética y la paleoantropología apuntan a la conclusión de que los seres humanos surgieron a través de un largo proceso evolutivo que abarcó millones de años. El linaje humano se separó del de los chimpancés modernos hace aproximadamente seis o siete millones de años, dando lugar a una sucesión de especies de homininos caracterizadas por un bipedismo creciente, el uso de herramientas, una mayor complejidad social y, finalmente, capacidades cognitivas más desarrolladas. Especies como Australopithecus, Homo habilis, Homo erectus y otras ocupan un lugar importante en esta narrativa evolutiva. En lugar de aparecer repentinamente como seres completamente formados, los humanos surgieron gradualmente a través de una serie de transiciones biológicas y conductuales.

La evidencia genética ha reforzado esta explicación evolutiva. La genómica comparativa revela amplias similitudes entre los humanos y otros primates, en particular los chimpancés. Las estructuras genéticas compartidas entre los organismos vivos apuntan a un ancestro común en lugar de orígenes independientes. La fisiología, la embriología y la anatomía humanas también muestran patrones de continuidad con otras formas de vida. Desde una perspectiva biológica, la humanidad no está separada de la naturaleza, sino que constituye una rama dentro del gran árbol evolutivo.

Para algunas tradiciones teológicas, estos hallazgos resultaron inicialmente amenazantes. Las interpretaciones anteriores de las Escrituras solían presuponer una marcada distinción entre los humanos y las demás criaturas. La singularidad humana se entendía a veces de forma que implicaba una discontinuidad biológica. Si los seres humanos surgieron mediante procesos evolutivos compartidos con otros animales, parecía que las doctrinas tradicionales sobre la imagen de Dios, el alma y la dignidad humana podrían verse socavadas. La evolución parecía desafiar el lugar privilegiado de la humanidad dentro de la creación.

Sin embargo, la doctrina de la imagen de Dios ha sido históricamente mucho más diversa y compleja de lo que muchos debates modernos suponen. La teología cristiana nunca ha sido unánime respecto a lo que implica exactamente la imagen de Dios. Diferentes tradiciones teológicas han enfatizado distintas dimensiones de la existencia humana. Algunas la identificaron principalmente con la racionalidad, considerando que las capacidades intelectuales de la humanidad reflejan la razón divina. Otras la asociaron con la libertad moral, enfatizando la capacidad de elegir entre el bien y el mal. Otras, aún, ubicaron la imagen en la naturaleza relacional de la humanidad, argumentando que los seres humanos reflejan a Dios a través de su capacidad de comunión, amor y relaciones de alianza. Otras interpretaciones han enfatizado la vocación de la humanidad a ejercer la administración de la creación como reflejo del gobierno divino.

Esta diversidad de interpretaciones proporciona recursos importantes para el estudio de la ciencia evolutiva. Si la imagen de Dios no se reduce a una característica biológica específica, entonces la continuidad evolutiva no tiene por qué negar la singularidad teológica. Los seres humanos pueden compartir un ancestro común con otros organismos y, al mismo tiempo, poseer capacidades distintivas con significado teológico. La doctrina de la imagen de Dios se refiere a la relación de la humanidad con Dios y su vocación dentro de la creación, más que a sus orígenes meramente biológicos.

Un enfoque influyente entiende la imagen de Dios en términos funcionales. Según esta perspectiva, la imagen no es principalmente una cualidad propia de los humanos, sino una vocación que les ha sido confiada. La humanidad fue creada para representar a Dios dentro de la creación, ejerciendo la administración y la responsabilidad sobre el mundo. En el contexto del antiguo Cercano Oriente, a menudo se describía a los reyes como imágenes de los dioses, ya que representaban la autoridad divina en la sociedad. La aplicación bíblica del lenguaje de la imagen a todos los seres humanos democratiza este concepto, extendiendo la vocación real a la humanidad en su conjunto. Dentro de un marco evolutivo, esta interpretación permite la posibilidad de que Dios preparara gradualmente una especie capaz de desempeñar tal papel. La imagen se asocia con la vocación divina, en lugar de con una discontinuidad biológica.

Otra interpretación significativa enfatiza la relacionalidad. Los seres humanos poseen una capacidad única para entablar relaciones conscientes con Dios, entre sí y con el orden creado en su conjunto. Esta perspectiva encuentra respaldo tanto en observaciones teológicas como científicas. La historia evolutiva demuestra la creciente complejidad del comportamiento social en muchas especies, pero los seres humanos exhiben capacidades sin parangón para la comunicación simbólica, la autorreflexión, el razonamiento moral y la conciencia espiritual. Estas capacidades posibilitan formas de relación que trascienden las necesidades biológicas inmediatas. Desde este punto de vista, la imagen de Dios se expresa a través de la capacidad de la humanidad para participar en la comunión personal y en relaciones de alianza.

Un tercer enfoque se centra en la conciencia y la autoconciencia. Los seres humanos poseen una extraordinaria capacidad para reflexionar sobre sí mismos, imaginar futuros alternativos, evaluar decisiones morales y contemplar cuestiones fundamentales sobre el sentido de la vida. Si bien la ciencia evolutiva rastrea el desarrollo de estas capacidades a través de procesos naturales, la teología puede interpretar su surgimiento como significativo para comprender el lugar especial de la humanidad dentro de la creación. La aparición gradual de la autoconciencia no disminuye necesariamente su importancia teológica. Por el contrario, puede revelar los medios mediante los cuales Dios creó criaturas capaces de responder libremente a la presencia divina.

La perspectiva evolutiva también anima a la teología a reconsiderar la naturaleza misma de la singularidad humana. Los modelos anteriores a veces presentaban a la humanidad como completamente separada del resto de la creación. La ciencia evolutiva, sin embargo, enfatiza la continuidad junto con la singularidad. Los humanos comparten numerosas características con otros animales, incluyendo capacidades emocionales, comportamientos sociales y habilidades cognitivas. Sin embargo, la continuidad no elimina la diferencia. El surgimiento del lenguaje, el razonamiento abstracto, la cultura acumulativa, la reflexión moral y la conciencia religiosa representa un desarrollo notable en la historia de la vida. La humanidad es a la vez continua y distinta del resto de la creación.

Esta tensión entre continuidad y discontinuidad constituye el núcleo de la antropología teológica contemporánea. Por un lado, la teología debe evitar formas de excepcionalismo que ignoran la evidencia científica de un ancestro común. Por otro lado, también debe evitar el reduccionismo que explica la existencia humana exclusivamente en términos biológicos. Los seres humanos son organismos biológicos, pero no son meros organismos biológicos. Habitan mundos simbólicos, crean culturas, persiguen ideales morales y buscan un significado trascendente. Estas dimensiones de la existencia requieren explicaciones que vayan más allá de los mecanismos evolutivos.

El surgimiento de la conciencia moral constituye un ejemplo particularmente importante. La teoría evolutiva ofrece explicaciones plausibles sobre cómo se desarrollaron los comportamientos cooperativos y los instintos sociales mediante la selección natural. Estas explicaciones esclarecen los fundamentos biológicos de la moralidad. Sin embargo, no dan cuenta plenamente de la capacidad humana para reflexionar críticamente sobre las normas morales, cuestionar los comportamientos instintivos o perseguir ideales de justicia y autosacrificio que trascienden la ventaja evolutiva inmediata. La reflexión teológica interpreta estas capacidades como manifestaciones de la vocación única de la humanidad y su relación con Dios.

De igual modo, la conciencia religiosa ocupa un lugar destacado en los debates sobre los orígenes humanos. Los seres humanos parecen estar singularmente orientados hacia las cuestiones del sentido último de la vida. A lo largo de las culturas y de la historia, han desarrollado rituales, mitos, filosofías y sistemas teológicos que buscan comprender las dimensiones más profundas de la realidad. Si bien la psicología evolutiva puede explorar los orígenes de las tendencias religiosas, la teología interpreta esta orientación espiritual universal como evidencia de la apertura de la humanidad a la realidad divina. La imagen de Dios se refleja no solo en lo que los seres humanos son, sino también en lo que buscan.

La doctrina de la imagen de Dios conlleva profundas implicaciones éticas. Si todos los seres humanos portan la imagen divina, entonces cada persona posee dignidad y valor inherentes. Esta afirmación sigue siendo crucial, independientemente de cómo se comprendan científicamente los orígenes humanos. Las explicaciones evolutivas describen los procesos mediante los cuales surgió la humanidad, pero no determinan su valor. La antropología teológica insiste en que la dignidad humana no se fundamenta en la inteligencia, la fuerza, la productividad o el estatus social, sino en la relación de Dios con la humanidad.

Cada persona participa por igual de esta dignidad porque cada persona porta la imagen de Dios.

La integración de la ciencia evolutiva y la antropología teológica propicia una comprensión más profunda de la existencia humana. La evolución revela las profundas conexiones de la humanidad con la comunidad de la vida en general, fomentando la humildad respecto a nuestro lugar en la naturaleza. La teología afirma la vocación distintiva de la humanidad, su responsabilidad moral y su capacidad para relacionarse con Dios. Juntas, estas perspectivas ofrecen una visión de la humanidad con fundamentos biológicos y un profundo significado espiritual.

Los seres humanos emergen del polvo de la historia evolutiva, compartiendo ascendencia con innumerables formas de vida que los precedieron. Sin embargo, también son criaturas capaces de autoconciencia, reflexión moral y comunión con Dios. La doctrina de la imagen de Dios no tiene por qué oponerse a la ciencia evolutiva. Más bien, puede proporcionar una interpretación teológica de las extraordinarias capacidades que surgieron a lo largo de la larga historia de la creación. De este modo, la explicación evolutiva de los orígenes humanos no se convierte en una amenaza para la antropología teológica, sino en una oportunidad para profundizar nuestra comprensión de lo que significa ser humano en un mundo moldeado tanto por el desarrollo biológico como por el propósito divino.

## *Capítulo 12*
## *Mente, alma y emergencia*

La relación entre mente, alma y conciencia humana ha ocupado durante mucho tiempo un lugar central tanto en la filosofía como en la teología. Las preguntas sobre qué son los seres humanos, cómo surge la conciencia y si existe una dimensión espiritual distinta del cuerpo físico han marcado la investigación intelectual durante siglos. El auge de la neurociencia moderna, junto con las explicaciones evolutivas de los orígenes humanos, ha intensificado estos debates al proporcionar explicaciones cada vez más detalladas de los procesos biológicos subyacentes a la cognición, la emoción, la memoria y el comportamiento. A medida que la comprensión científica del cerebro se ha expandido, las concepciones teológicas tradicionales del alma se han enfrentado a un nuevo escrutinio. El desafío para la teología contemporánea no consiste simplemente en defender las doctrinas heredadas, sino en reconsiderar cómo conceptos como mente, alma y personalidad pueden entenderse a la luz del conocimiento científico actual, preservando al mismo tiempo las afirmaciones esenciales de la antropología teológica.

Durante gran parte de la historia del cristianismo, los debates sobre el alma estuvieron influenciados por modelos dualistas que distinguían claramente entre el cuerpo material y el alma inmaterial. Estos modelos a menudo se basaban en las tradiciones platónicas y, posteriormente, cartesianas, que concebían el alma como una sustancia no física capaz de existir independientemente del cuerpo. Según esta perspectiva, el alma era la sede de la conciencia, la racionalidad, la voluntad moral y la identidad personal. El cuerpo se entendía como la morada temporal del alma, mientras que el alma misma constituía el yo esencial. Estos marcos conceptuales proporcionaban una manera directa de afirmar la singularidad humana y la posibilidad de la vida más allá de la muerte física.

El desarrollo de la neurociencia moderna ha complejizado considerablemente este panorama. Los avances en neuroimagen, neurofisiología y ciencia cognitiva han demostrado fuertes correlaciones entre los estados mentales y la actividad cerebral. La memoria, la emoción, la toma de decisiones, la percepción y la personalidad parecen estar estrechamente ligadas a estructuras y procesos neurológicos específicos. El daño a ciertas regiones del cerebro puede alterar el comportamiento, perjudicar el razonamiento, afectar las respuestas emocionales e incluso transformar aspectos de la identidad personal. Estas observaciones sugieren que la vida mental depende profundamente de los procesos físicos que ocurren dentro del sistema nervioso.

Desde un punto de vista científico, la conciencia parece inseparable del funcionamiento cerebral. Las experiencias mentales surgen junto con la actividad neuronal, y los cambios en una se corresponden sistemáticamente con los cambios en la otra. Esta evidencia ha llevado a muchos pensadores a concluir que la conciencia puede explicarse completamente en términos físicos. Según el materialismo reduccionista, los seres humanos son organismos enteramente físicos, y los fenómenos mentales son, en última instancia, reducibles a procesos neurobiológicos. Los pensamientos, las emociones, las creencias y los deseos se entienden como productos de la actividad cerebral, más que como manifestaciones de una realidad espiritual distinta.

Si bien el materialismo reduccionista ha ganado influencia en ciertos círculos científicos y filosóficos, sigue siendo controvertido. Muchos filósofos argumentan que las explicaciones puramente físicas no logran dar cuenta adecuadamente de la dimensión subjetiva de la conciencia. La experiencia humana incluye cualidades que parecen resistentes a la reducción a descripciones objetivas. La sensación de dolor, la experiencia de la belleza, la conciencia de uno mismo y la percepción del significado implican realidades en primera persona que no pueden ser capturadas completamente solo mediante descripciones de mecanismos neuronales. La neurociencia puede explicar las condiciones bajo las cuales surge la conciencia, pero si la explica completamente sigue siendo una cuestión abierta.

Este debate ha dado lugar a diversas formas de emergentismo. Las teorías emergentistas sostienen que la conciencia surge de sistemas físicos complejos, pero posee características que no pueden reducirse por completo a sus partes constituyentes. Del mismo modo que surgen nuevas propiedades cuando las moléculas se combinan para formar células vivas, la conciencia puede surgir de la complejidad neuronal, exhibiendo rasgos genuinamente novedosos. La emergencia no niega la importancia de los procesos físicos; más bien, sugiere que los niveles superiores de organización generan realidades que requieren sus propias formas de explicación.

Desde una perspectiva emergentista, la mente humana no está completamente separada del cuerpo ni se reduce a él. La conciencia depende del cerebro, pero también exhibe capacidades que trascienden las descripciones puramente mecánicas. Los seres humanos participan en el razonamiento abstracto, la deliberación moral, la creatividad artística y la reflexión espiritual.

Estas actividades surgen de sistemas biológicos, pero no pueden comprenderse plenamente solo en términos de interacciones neuroquímicas. El todo es más que la suma de sus partes.

El emergentismo ha despertado un gran interés entre los teólogos porque ofrece una posible vía intermedia entre el dualismo tradicional y el materialismo reduccionista. Reconoce la evidencia científica que vincula la vida mental con la actividad cerebral, al tiempo que preserva un espacio para las capacidades genuinamente humanas que trascienden la simple reducción física. En lugar de considerar el alma como una sustancia separada que habita el cuerpo, algunos teólogos la interpretan como un aspecto emergente de la persona en su totalidad. El alma deja de ser una entidad independiente para convertirse en una forma de describir la realidad integrada de la persona humana en relación con Dios.

Este enfoque refleja un cambio más amplio en la teología contemporánea hacia una comprensión holística de la naturaleza humana. La antropología bíblica suele presentar a los seres humanos como criaturas unificadas, en lugar de compuestos de partes separables. Las Escrituras Hebreas describen frecuentemente a las personas como seres vivos integrados, en lugar de combinaciones separables de cuerpo y alma. La vida, la conciencia y la identidad se entienden como características de la persona en su totalidad. Estas perspectivas resuenan con los conocimientos científicos modernos que enfatizan la interconexión de las dimensiones biológica, psicológica, social y espiritual de la existencia.

Sin embargo, subsisten importantes interrogantes teológicos. Una de ellas concierne a la identidad personal y la supervivencia tras la muerte. Las doctrinas tradicionales de la resurrección y la vida eterna a menudo se han basado en la idea de que el alma continúa existiendo después de la muerte física. Si la conciencia depende de la actividad cerebral, ¿cómo puede persistir la identidad personal cuando el cuerpo muere? Los enfoques emergentistas deben abordar este desafío sin recurrir a un dualismo simplista.

Algunos teólogos responden enfatizando la fidelidad divina más que los mecanismos metafísicos. La identidad humana se fundamenta, en última instancia, no en la inmortalidad independiente del alma, sino en el conocimiento y el amor sustentadores de Dios. La esperanza de la resurrección depende del poder de Dios para preservar y restaurar la existencia personal, más que de la indestructibilidad natural de una sustancia inmaterial. Desde esta perspectiva, la vida eterna sigue siendo un don de la gracia divina, más que una consecuencia de poseer un alma separable.

Otro tema importante concierne al libre albedrío y la responsabilidad moral. La investigación neurocientífica ha revelado hasta qué punto los procesos cerebrales inconscientes influyen en el comportamiento. Algunos han interpretado estos hallazgos como evidencia de que el libre albedrío es una ilusión. Si las decisiones están determinadas por causas físicas previas, la verdadera capacidad de decisión moral podría parecer imposible. Tales conclusiones tendrían profundas implicaciones para la ética, el derecho y la teología.

Sin embargo, muchos filósofos y teólogos sostienen que el determinismo no se deriva necesariamente de la neurociencia. La toma de decisiones humanas se produce dentro de sistemas complejos que involucran múltiples niveles de causalidad. La reflexión consciente, la deliberación racional, las influencias sociales y los compromisos personales contribuyen al comportamiento. Aun cuando los procesos neuronales subyacen a las decisiones, esto no elimina el papel fundamental de la agencia. Las personas siguen siendo capaces de evaluar razones, considerar alternativas y actuar intencionalmente. La libertad puede entenderse no como una independencia absoluta de la causalidad, sino como la capacidad de autodirección racional dentro del contexto de la existencia encarnada.

La antropología teológica ha vinculado tradicionalmente la libertad humana a la imagen de Dios. Los seres humanos poseen la capacidad de responder al llamado divino, entablar relaciones y tomar decisiones moralmente significativas. Los debates contemporáneos sobre la mente y el surgimiento no tienen por qué abandonar esta comprensión. Por el contrario, invitan a una apreciación más profunda de las condiciones biológicas y sociales a través de las cuales se ejerce la libertad. La capacidad de acción humana emerge dentro de la vida encarnada, en lugar de existir al margen de ella.

La cuestión de la conciencia también conlleva profundas implicaciones para comprender la relación de la humanidad con Dios. La experiencia religiosa, la oración, el culto y la conciencia espiritual implican una interacción consciente con realidades que se perciben como trascendentes de la existencia material ordinaria. Algunos críticos argumentan que tales experiencias pueden explicarse completamente mediante procesos neurológicos. La actividad cerebral acompaña a las experiencias religiosas, lo que lleva a algunos a concluir que la religión misma es simplemente un subproducto del funcionamiento neuronal.

Sin embargo, la existencia de correlatos neurológicos no invalida necesariamente la experiencia espiritual. Toda experiencia humana, incluyendo la percepción, la memoria y el razonamiento, implica actividad cerebral. El hecho de que las experiencias religiosas tengan dimensiones neurológicas no determina si corresponden a encuentros genuinos con la realidad divina. La teología puede considerar el cerebro no como un obstáculo para la experiencia espiritual, sino como uno de los medios a través de los cuales dicha experiencia se hace posible. Así como la visión requiere ojos y el oído requiere oídos, la conciencia espiritual puede requerir estructuras neurológicas capaces de percibir y responder a la trascendencia.

La integración de la neurociencia y la teología apunta, en última instancia, hacia una visión de la humanidad que es a la vez encarnada y trascendente. Los seres humanos son criaturas biológicas moldeadas por la historia evolutiva, dependientes de complejos sistemas neurológicos para la conciencia y la cognición. Sin embargo, también son seres capaces de autoconciencia, reflexión moral, creatividad, amor y anhelo espiritual. El surgimiento de estas capacidades dentro del proceso evolutivo no disminuye su importancia, sino que revela la extraordinaria profundidad y complejidad de la creación.

Mente, alma y emergencia no tienen por qué considerarse conceptos contrapuestos. La reflexión teológica puede afirmar el estudio científico de la conciencia, al tiempo que sostiene que la existencia humana posee dimensiones de significado que trascienden las explicaciones puramente materiales. El alma puede entenderse no como una sustancia etérea oculta en el cuerpo, sino como la realidad viva de la persona en relación con Dios. La conciencia puede surgir de la complejidad biológica, permaneciendo abierta a la trascendencia. De este modo, la teología contemporánea puede abordar la neurociencia no como una amenaza a la fe, sino como una oportunidad para profundizar en la comprensión de lo que significa ser humano, creado a imagen de Dios y llamado a la comunión con el Creador.

# Capítulo 13
# Moralidad, altruismo y significado

Una de las cuestiones más importantes que plantea la teoría evolutiva se refiere al origen y la naturaleza de la moralidad. Los seres humanos poseen una extraordinaria capacidad para distinguir entre el bien y el mal, para emitir juicios morales, para sacrificar intereses personales por el bien de los demás y para perseguir ideales como la justicia, la compasión y la verdad. Estas capacidades han ocupado tradicionalmente un lugar central en la comprensión teológica de la naturaleza humana. El cristianismo a menudo ha considerado la moralidad como un reflejo de la creación de la humanidad a imagen de Dios, mientras que las obligaciones éticas se han entendido como arraigadas en el carácter y los propósitos del Creador. La biología evolutiva, sin embargo, ofrece una perspectiva alternativa al intentar explicar el comportamiento moral mediante procesos naturales que operan a lo largo de extensos periodos de tiempo. Esto plantea profundas interrogantes sobre si la moralidad puede explicarse plenamente mediante mecanismos evolutivos y si conceptos como el altruismo, la obligación moral y el sentido de la vida conservan su relevancia dentro de una cosmovisión evolutiva.

Las explicaciones evolutivas de la moralidad parten de la observación de que muchas formas de comportamiento social contribuyen a la supervivencia y al éxito reproductivo. Los organismos que cooperan suelen disfrutar de ventajas de las que carecen los individuos aislados. Los vínculos sociales pueden mejorar la protección contra los depredadores, facilitar el reparto de recursos y aumentar las oportunidades reproductivas. Con el tiempo, la selección natural puede favorecer rasgos que promueven el comportamiento cooperativo, ya que estos aumentan la probabilidad de que los individuos y sus parientes sobrevivan y se reproduzcan. Desde esta perspectiva, las tendencias morales no son excepciones misteriosas a los principios evolutivos, sino el resultado de los mismos procesos que dan forma a otras características biológicas.

El concepto de selección de parentesco ofrece una explicación influyente del comportamiento altruista. Los individuos suelen actuar de maneras que benefician a sus parientes cercanos, incluso a costa de su propio bienestar. Dado que los parientes comparten material genético, los comportamientos que promueven la supervivencia de individuos genéticamente emparentados pueden contribuir indirectamente a la aptitud evolutiva. La disposición de los padres a sacrificarse por sus hijos es un ejemplo claro. Patrones similares se observan en todo el reino animal, donde los organismos exhiben con frecuencia comportamientos que aumentan las probabilidades de supervivencia de individuos genéticamente emparentados. La teoría evolutiva explica estas acciones no como cálculos conscientes, sino como el resultado de tendencias heredadas moldeadas por la selección natural.

El altruismo recíproco extiende esta lógica más allá de las relaciones genéticas. Los organismos que viven en grupos sociales estables pueden beneficiarse de la cooperación incluso al interactuar con individuos no emparentados. Ayudar a otros puede aumentar la probabilidad de recibir ayuda en el futuro. Tras interacciones repetidas, las estrategias cooperativas suelen ser más eficaces que el comportamiento puramente egoísta. Las sociedades humanas ofrecen innumerables ejemplos de cooperación recíproca, desde el intercambio económico hasta la ayuda mutua dentro de las comunidades. Los teóricos de la evolución sostienen que muchos instintos morales pueden haberse desarrollado en dichos contextos sociales porque la cooperación mejoraba la supervivencia y el éxito reproductivo.

El surgimiento de estructuras sociales cada vez más complejas contribuyó aún más al desarrollo del comportamiento moral. Los seres humanos evolucionaron en comunidades altamente cooperativas donde la comunicación, la confianza y la cohesión social eran esenciales. Los individuos capaces de comprender las normas sociales, anticipar las respuestas de los demás y mantener relaciones de cooperación gozaban de ventajas significativas. Por lo tanto, la empatía, la culpa, la vergüenza y la preocupación por la reputación pudieron haber evolucionado porque facilitaban la vida en grupo. Las emociones morales ayudaron a regular el comportamiento de maneras que fortalecieron los lazos sociales y promovieron la supervivencia colectiva.

Estas explicaciones evolutivas poseen un considerable poder explicativo. Iluminan muchos aspectos del comportamiento humano y ayudan a explicar por qué las tendencias morales parecen estar tan extendidas entre las culturas. También revelan importantes continuidades entre los humanos y otros animales sociales. Estudios realizados con primates, elefantes, delfines y otras especies sugieren que existen formas rudimentarias de empatía, cooperación y justicia más allá de la especie humana. Estos hallazgos cuestionan las suposiciones simplistas de que la moralidad surgió de forma repentina e independiente de la historia biológica.

Sin embargo, aún quedan preguntas importantes. Las explicaciones evolutivas pueden explicar cómo se desarrollaron los comportamientos morales, pero no necesariamente explican por qué los juicios morales poseen fuerza normativa. Los seres humanos no solo cooperan; a menudo creen que deben cooperar. Las obligaciones morales se experimentan no solo como estrategias útiles, sino como exigencias que conllevan autoridad. Con frecuencia, las personas actúan en contra de sus intereses inmediatos porque creen que ciertas acciones son correctas, independientemente del beneficio personal. Esta dimensión de la moralidad representa un desafío para las explicaciones puramente evolutivas.

La distinción entre afirmaciones descriptivas y normativas es crucial en este contexto. La biología evolutiva describe cómo las tendencias morales pueden haber surgido a través de procesos naturales. Explica por qué ciertos comportamientos se volvieron ventajosos en entornos específicos. Sin embargo, explicar por qué las personas tienen creencias morales no es lo mismo que demostrar que esas creencias son verdaderas. El hecho de que una convicción moral haya evolucionado no determina si se corresponde con una realidad moral objetiva. Las explicaciones científicas pueden dar cuenta de los orígenes de las creencias sin resolver cuestiones relativas a su validez.

Este tema cobra especial relevancia al considerar actos de autosacrificio radical. A lo largo de la historia, las personas han soportado voluntariamente sufrimiento, persecución e incluso la muerte por principios morales. Tales acciones a menudo trascienden los cálculos sencillos de ventaja evolutiva. Los mártires, los reformadores y quienes arriesgan sus vidas para proteger a desconocidos actúan con frecuencia de maneras que resultan difíciles de explicar únicamente mediante argumentos basados en la aptitud reproductiva. Su comportamiento refleja un compromiso con ideales que se valoran por encima de la supervivencia personal. Si bien los factores evolutivos pueden contribuir al desarrollo de tales capacidades, el significado de estas acciones parece ir más allá de las explicaciones puramente biológicas.

En este punto, se hacen evidentes las limitaciones del reduccionismo. Este pretende explicar fenómenos complejos únicamente en términos de procesos subyacentes más simples. Aplicado a la moral, intenta reducir el comportamiento ético a intereses genéticos, estrategias evolutivas o mecanismos neurobiológicos. Si bien tales explicaciones pueden esclarecer aspectos importantes del comportamiento moral, a menudo no logran captar la riqueza de la experiencia moral. Los seres humanos participan en el razonamiento ético, evalúan valores contrapuestos y reflexionan críticamente sobre sus propios instintos. Son capaces de condenar comportamientos que podrían conferir ventajas evolutivas y de adoptar principios que exigen sacrificio personal. La vida moral implica reflexión y juicio, así como instinto y emoción.

Las perspectivas teológicas sobre la moralidad parten de un punto de partida diferente. En lugar de considerar la ética principalmente como una estrategia adaptativa, la teología cristiana entiende la moralidad como fundamentada en la naturaleza de Dios. Los valores morales reflejan la bondad, la justicia y el amor divinos. Los seres humanos poseen conciencia moral porque fueron creados a imagen de un Creador moral. Por lo tanto, la conciencia, la razón y la responsabilidad ética no son subproductos accidentales de la historia evolutiva, sino expresiones de la vocación de la humanidad dentro de la creación.

Este marco teológico no rechaza necesariamente las explicaciones evolutivas. El surgimiento de las capacidades morales a través de procesos evolutivos puede entenderse como parte de la providencia divina en la creación. La evolución puede describir los mecanismos mediante los cuales se desarrolló la conciencia moral, mientras que la teología aborda la cuestión más profunda de por qué existe dicha conciencia y qué significa. Desde esta perspectiva, los procesos biológicos proporcionan las condiciones para la vida moral, pero no agotan su significado.

El concepto de realismo moral desempeña un papel importante en este debate. El realismo moral sostiene que las verdades morales existen independientemente de las preferencias individuales o las convenciones sociales. Ciertas acciones son genuinamente correctas o incorrectas, independientemente de que individuos o culturas particulares las reconozcan. Muchas tradiciones teológicas afirman el realismo moral porque entienden que los valores morales se fundamentan en el carácter de Dios. La justicia, la compasión y la veracidad poseen un significado objetivo porque reflejan aspectos perdurables de la realidad divina.

Sin algún tipo de realismo moral, los juicios éticos corren el riesgo de convertirse en expresiones de preferencia en lugar de verdad. Si la moralidad es enteramente producto de la adaptación evolutiva, resulta difícil explicar por qué un sistema moral debería considerarse superior a otro. El éxito evolutivo por sí solo no puede establecer una obligación moral. Los comportamientos que mejoran la supervivencia no son necesariamente moralmente buenos, y los que la reducen no son necesariamente moralmente incorrectos. La historia ofrece numerosos ejemplos de prácticas que pudieron haber conferido ventajas a ciertos grupos, sin dejar de ser éticamente reprobables. La evaluación moral requiere criterios que trasciendan la mera utilidad.

Estrechamente relacionada con la moralidad está la cuestión del sentido de la vida. Los seres humanos no solo buscan saber qué es correcto, sino también por qué la vida importa. Persiguen metas, construyen narrativas y buscan un significado que trascienda la mera supervivencia. La teoría evolutiva explica cómo sobreviven y se reproducen los organismos, pero no determina si la existencia posee un sentido último. Las explicaciones científicas describen procesos y mecanismos; no responden preguntas sobre propósito, valor o destino.

Las tradiciones teológicas responden encontrando sentido en la relación de la humanidad con Dios. La vida humana tiene significado porque participa de una realidad mayor fundamentada en un propósito divino. La acción moral adquiere sentido porque refleja y responde al carácter del Creador. El altruismo no es simplemente una estrategia evolutiva exitosa, sino una expresión de amor arraigada en la naturaleza de Dios. La justicia importa porque la realidad misma está ordenada hacia la justicia. La existencia humana tiene propósito porque se desarrolla dentro de una historia que trasciende la mera supervivencia biológica.

El diálogo entre la teoría evolutiva y la teología revela, por lo tanto, tanto convergencia como tensión. Las explicaciones evolutivas iluminan los fundamentos biológicos de la moralidad y el altruismo, mostrando cómo la cooperación social y las tendencias éticas pudieron haber surgido a través de procesos naturales. La teología afirma estas ideas, al tiempo que insiste en que la moralidad no puede reducirse a ellas. Las obligaciones éticas, las verdades morales y la búsqueda de sentido apuntan más allá de la biología hacia cuestiones más profundas de valor y propósito.

Los seres humanos somos producto de la historia evolutiva, pero también agentes morales que nos preguntamos por qué ciertas acciones son correctas y por qué la vida tiene sentido. La capacidad de buscar la verdad, perseguir la justicia y sacrificarse por los demás refleja dimensiones de la existencia que trascienden la mera supervivencia. Ya sea que se comprendan a través del lenguaje de la imagen de Dios o mediante explicaciones filosóficas del realismo moral, estas capacidades sugieren que la moralidad es más que un mecanismo adaptativo. Es una ventana al significado más profundo de la existencia humana y un recordatorio de que la búsqueda de sentido es inseparable de la búsqueda de la verdad.

# *Parte V*

# *Modelos de integración*

# Capítulo 14
# Tipologías de interacción entre ciencia y religión

La relación entre ciencia y religión ha sido uno de los temas más recurrentes y debatidos en la historia intelectual moderna. Los debates sobre evolución, cosmología, orígenes humanos, conciencia y moralidad suelen plantear interrogantes sobre la compatibilidad, la complementariedad o la oposición fundamental de las explicaciones científicas y religiosas. El discurso popular a menudo presenta la cuestión en términos radicalmente polarizados, retratando la ciencia y la religión como inmersas en un conflicto inevitable. Sin embargo, tales representaciones no logran captar la complejidad de la relación. A lo largo de la historia, la investigación científica y la reflexión teológica han interactuado de diversas maneras, desde la oposición y la competencia hasta la cooperación y la integración. Comprender estos patrones requiere una atención cuidadosa a los diversos modelos que se han propuesto para describir la relación entre ciencia y religión.

Uno de los intentos más influyentes por clasificar estas relaciones es el desarrollo de tipologías. Las tipologías proporcionan marcos conceptuales que identifican patrones recurrentes en la interacción entre las formas de comprensión científica y religiosa. Si bien ninguna tipología puede abarcar todos los matices de los debates históricos y contemporáneos, ofrecen herramientas útiles para clarificar supuestos, destacar puntos de acuerdo y desacuerdo, e identificar posibles vías hacia un diálogo constructivo. Entre los modelos más debatidos se encuentran el de conflicto, independencia, diálogo e integración. Cada uno representa una forma distinta de comprender la relación entre el conocimiento científico y el teológico.

El modelo del conflicto es quizás el más conocido en la cultura popular. Según esta perspectiva, la ciencia y la religión presentan afirmaciones contrapuestas sobre la realidad, y los avances en una necesariamente socavan la credibilidad de la otra. Las explicaciones científicas se consideran un reemplazo para las religiosas, mientras que las creencias religiosas se ven como obstáculos para el progreso científico. La narrativa del conflicto a menudo recurre a episodios históricos famosos, como la controversia de Galileo o los debates en torno a la evolución darwiniana, presentándolos como evidencia de una lucha constante entre la razón y la fe.

El atractivo del modelo de conflicto reside en parte en su simplicidad. Ofrece una narrativa directa en la que la ciencia representa el progreso y la racionalidad, mientras que la religión representa la tradición y la resistencia al cambio; o bien, en la que la religión representa la verdad y el significado, mientras que la ciencia representa el reduccionismo y el escepticismo. Estas narrativas son emocionalmente impactantes porque presentan héroes y villanos claramente definidos. Sin embargo, la investigación histórica ha cuestionado cada vez más la veracidad de esta representación. Muchas de las figuras más importantes en la historia de la ciencia eran profundamente religiosas, y el desarrollo de la investigación científica a menudo tuvo lugar dentro de instituciones religiosas y tradiciones intelectuales. La relación histórica real entre ciencia y religión es mucho más compleja de lo que sugiere un modelo de guerra simplista.

Además, el modelo de conflicto a menudo se basa en malentendidos tanto de la ciencia como de la teología. Las teorías científicas abordan cuestiones relativas a los procesos naturales, las relaciones causales y las observaciones empíricas. La teología aborda cuestiones relativas al significado último, el propósito, el valor y la relación de la humanidad con Dios. Los conflictos surgen cuando una disciplina intenta responder preguntas que corresponden a la otra. Cuando los textos religiosos se tratan como manuales científicos, o cuando los hallazgos científicos se interpretan como afirmaciones metafísicas exhaustivas, surgen tensiones de forma natural. Sin embargo, dichas tensiones suelen reflejar errores de categoría más que contradicciones genuinas.

Ante las limitaciones del modelo de conflicto, algunos pensadores han propuesto un modelo de independencia. Este enfoque sostiene que la ciencia y la religión operan en ámbitos fundamentalmente distintos y, por lo tanto, no pueden entrar en conflicto de manera significativa. La ciencia se ocupa de los hechos empíricos y los fenómenos observables, mientras que la religión aborda los valores morales, el significado espiritual y las cuestiones existenciales. Dado que cada disciplina posee sus propios métodos, objetivos y criterios de evaluación, permanecen en gran medida independientes entre sí.

El modelo de independencia presenta ciertas ventajas. Permite que la ciencia realice investigaciones empíricas sin interferencias de preocupaciones teológicas, a la vez que preserva el espacio para las creencias y prácticas religiosas. Al distinguir entre diferentes formas de investigación, reduce conflictos innecesarios y clarifica las contribuciones específicas de cada disciplina. Las explicaciones científicas pueden desarrollarse según el naturalismo metodológico, mientras que la reflexión teológica aborda cuestiones que trascienden la investigación empírica.

A pesar de estas fortalezas, el modelo de independencia también enfrenta desafíos importantes. Los seres humanos no experimentan la realidad como un espacio completamente separado. Las preguntas sobre los orígenes humanos, la conciencia, la moralidad y la naturaleza del universo suelen tener dimensiones tanto científicas como teológicas. La separación total conlleva el riesgo de crear una división artificial entre ámbitos que inevitablemente se interrelacionan. Además, las tradiciones religiosas a menudo formulan afirmaciones sobre eventos históricos, la naturaleza humana y la estructura de la realidad que se superponen con áreas exploradas por la investigación científica. Por lo tanto, la independencia total puede resultar difícil de mantener en la práctica.

Reconociendo estas limitaciones, muchos académicos han propuesto el diálogo como un modelo más productivo. El enfoque dialogado reconoce que la ciencia y la religión siguen siendo disciplinas distintas, al tiempo que enfatiza la importancia de la comunicación y el aprendizaje mutuo. En lugar de tratar la ciencia y la teología como empresas aisladas, el diálogo fomenta la interacción entre disciplinas. Los descubrimientos científicos pueden plantear interrogantes que inviten a la reflexión teológica, mientras que los conceptos teológicos pueden proporcionar marcos más amplios para interpretar el conocimiento científico.

El diálogo cobra especial importancia en ámbitos donde convergen naturalmente las inquietudes científicas y teológicas. Cuestiones como el origen del universo, el surgimiento de la conciencia, la naturaleza de la identidad humana y los fundamentos de la moralidad invitan a la aportación de múltiples perspectivas. La ciencia puede ofrecer explicaciones detalladas de mecanismos y procesos, mientras que la teología explora cuestiones de significado, propósito y trascendencia última. El diálogo permite que cada disciplina enriquezca a la otra sin que sus metodologías distintivas se desmoronen.

La fortaleza del modelo de diálogo reside en su apertura y flexibilidad. Fomenta la humildad al reconocer que ni la ciencia ni la teología poseen un conocimiento exhaustivo de la realidad. Ambas disciplinas aportan valiosas perspectivas, si bien están sujetas a revisión y perfeccionamiento constantes. El diálogo también promueve la curiosidad intelectual, fomentando una comprensión más profunda de cuestiones complejas que no pueden abordarse adecuadamente desde una única perspectiva.

Sin embargo, el diálogo por sí solo puede no satisfacer a quienes buscan una comprensión más unificada de la realidad. Si la ciencia y la teología describen realmente el mismo mundo, algunos argumentan que debería ser posible una integración más profunda. Esta aspiración da origen al modelo de integración. La integración busca desarrollar marcos integrales que combinen las perspectivas científicas y teológicas en un todo coherente. En lugar de limitarse a dialogar entre disciplinas, la integración intenta construir interpretaciones unificadas capaces de integrar tanto el conocimiento científico como la creencia religiosa.

En la erudición contemporánea han surgido diversas formas de integración. Algunos teólogos interpretan los descubrimientos científicos como aspectos que esclarecen la creatividad y la providencia divinas. Otros desarrollan marcos filosóficos que conectan las explicaciones científicas con afirmaciones metafísicas más amplias. El creacionismo evolucionista, por ejemplo, representa un enfoque integrador que acepta la ciencia evolucionista contemporánea al tiempo que interpreta los procesos evolutivos dentro de una doctrina teológica de la creación. De manera similar, los debates sobre la acción divina a menudo buscan comprender cómo la relación de Dios con el mundo puede articularse de forma coherente con la comprensión científica de la causalidad natural.

El modelo de integración ofrece ventajas significativas porque refleja la intuición de que la verdad, en última instancia, conforma un todo coherente. Si tanto la ciencia como la teología buscan comprender la realidad, sus conclusiones deberían iluminarse mutuamente en lugar de permanecer aisladas. La integración también brinda oportunidades para abordar cuestiones que trascienden la capacidad explicativa de cada disciplina por separado. Las explicaciones científicas describen cómo ocurren los procesos, mientras que las interpretaciones teológicas exploran por qué la existencia posee significado y valor.

Al mismo tiempo, la integración conlleva ciertos riesgos. Los esfuerzos por armonizar ciencia y teología pueden, en ocasiones, encasillar una disciplina en categorías derivadas de la otra. La teología puede volverse excesivamente dependiente de teorías científicas contemporáneas que podrían cambiar posteriormente, mientras que la investigación científica puede verse lastrada por supuestos metafísicos que exceden su ámbito de aplicación. Por consiguiente, una integración exitosa requiere una atención cuidadosa a las diferencias metodológicas y la voluntad de preservar distinciones legítimas incluso dentro de marcos de unidad más amplios.

La diversidad de estos modelos revela que ninguna tipología por sí sola abarca por completo la complejidad de las interacciones entre ciencia y religión. Los individuos y las comunidades suelen exhibir simultáneamente características asociadas a múltiples modelos. Un teólogo puede abogar por el diálogo en algunos contextos, mientras que en otros busca la integración. Los científicos pueden afirmar su independencia metodológica sin dejar de mantener sus creencias religiosas. De igual modo, las relaciones históricas entre ciencia y religión han variado según las culturas, los periodos y las tradiciones intelectuales.

Esta complejidad sugiere que los marcos conceptuales simplistas deben abordarse con cautela. La habitual oposición entre ciencia y religión suele oscurecer más de lo que aclara. La realidad es más rica y matizada de lo que permiten las categorías rígidas. La investigación científica y la reflexión teológica surgen de preguntas diferentes, emplean métodos distintos y persiguen formas de comprensión diferentes; sin embargo, ambas emanan del deseo humano de comprender el mundo y nuestro lugar en él.

El desafío contemporáneo, por lo tanto, no consiste en elegir entre ciencia y religión, sino en desarrollar formas más sofisticadas de comprender su relación. Tal esfuerzo requiere humildad intelectual, conciencia histórica y apertura a múltiples formas de conocimiento. La ciencia aporta conocimientos indispensables sobre los mecanismos y la historia del mundo natural. La teología explora cuestiones de significado, valor, propósito y realidad última. Ninguna disciplina puede reemplazar a la otra, ya que cada una aborda dimensiones de la existencia que siguen siendo esenciales para la comprensión humana.

Un enfoque maduro de la ciencia y la religión trasciende las narrativas simplistas de conflicto para adentrarse en una visión más rica del diálogo intelectual. Ya sea mediante el diálogo, la integración u otros modelos emergentes, el objetivo no es la eliminación de las diferencias, sino la búsqueda de una comprensión más profunda. En un mundo cada vez más marcado por el conocimiento científico y los arraigados compromisos religiosos, dicha comprensión sigue siendo una de las tareas más importantes del pensamiento contemporáneo.

## *Capítulo 15*
## *Evolución teísta y creación evolutiva*

Entre las diversas respuestas a la ciencia evolutiva moderna dentro de la teología cristiana, la evolución teísta (a menudo denominada creación evolutiva) se ha consolidado como uno de los enfoques más influyentes y debatidos. Esta perspectiva busca afirmar tanto los hallazgos de la biología evolutiva contemporánea como las doctrinas centrales de la fe cristiana. En lugar de considerar la evolución y la creación como explicaciones contrapuestas, los defensores de la creación evolutiva argumentan que los procesos evolutivos constituyen uno de los medios mediante los cuales Dios crea y sustenta la vida. El mundo natural, incluyendo el surgimiento de la diversidad biológica y la propia humanidad, se entiende como producto tanto del desarrollo evolutivo como de la providencia divina. Este enfoque intenta preservar la integridad de la investigación científica, manteniendo al mismo tiempo la convicción teológica de que toda la realidad depende, en última instancia, de Dios.

La evolución teísta parte de una distinción que a menudo se pasa por alto en los debates populares. La teoría evolutiva y la doctrina de la creación abordan cuestiones fundamentalmente diferentes. La evolución busca explicar cómo se desarrolla la vida mediante procesos naturales como la mutación, la selección natural, la deriva genética y la especiación. La doctrina de la creación aborda el porqué de la existencia y afirma que el universo depende de Dios como su fuente última. Desde esta perspectiva, la evolución y la creación no son explicaciones rivales que operen al mismo nivel explicativo. La evolución describe mecanismos y desarrollos históricos, mientras que la teología aborda cuestiones de origen último, propósito y significado. El supuesto conflicto surge únicamente cuando se espera erróneamente que un marco teórico responda a preguntas propias del otro.

Esta distinción permite a los creacionistas evolucionistas aceptar la abrumadora evidencia científica que respalda la ascendencia común, la gran extensión del tiempo geológico y la aparición gradual de las especies, al tiempo que mantienen las afirmaciones tradicionales sobre el papel de Dios como Creador. Los procesos evolutivos no se consideran alternativas a la acción divina, sino expresiones de ella. Dios crea mediante procesos naturales, del mismo modo que crea mediante las leyes físicas, los sistemas ecológicos y el funcionamiento regular del universo. El énfasis se desplaza de la intervención directa en momentos específicos al sustento y gobierno divinos continuos de la creación en su conjunto.

En el corazón de la creación evolutiva reside una comprensión particular de la providencia divina. La teología cristiana clásica ha sostenido durante mucho tiempo que Dios obra habitualmente a través de causas secundarias. El mundo natural posee auténticos poderes causales y opera según patrones y regularidades establecidos por Dios. La lluvia nutre los cultivos, la gravedad moldea el movimiento planetario y los procesos biológicos sustentan a los organismos vivos. Por lo tanto, los mecanismos evolutivos pueden entenderse como parte de la red de causas secundarias mediante la cual Dios gobierna la creación. La historia evolutiva de la vida no ocurre independientemente de Dios, sino que se desarrolla dentro de un mundo sostenido continuamente por el poder divino.

Uno de los desafíos más importantes que enfrenta la creación evolucionista concierne a la interpretación de las Escrituras, particularmente los primeros capítulos del Génesis. Los debates tradicionales se han centrado a menudo en si el Génesis debe leerse como un relato histórico literal o como una narración simbólica. Los creacionistas evolucionistas generalmente argumentan que tales debates simplifican en exceso la naturaleza de la interpretación bíblica. Enfatizan que la tradición cristiana ha reconocido desde hace mucho tiempo múltiples niveles de significado en las Escrituras y que no todas las interpretaciones fieles requieren un literalismo estricto.

Los relatos de la creación del Génesis suelen interpretarse dentro de su contexto del antiguo Cercano Oriente, donde su propósito principal era teológico más que científico. Estos textos afirman que Dios es el Creador de todas las cosas, que la creación es fundamentalmente buena, que la humanidad ocupa un lugar único en ella y que los seres humanos son responsables ante Dios. Tales afirmaciones teológicas no dependen necesariamente de descripciones científicas específicas sobre los orígenes de la materia. Por lo tanto, los creacionistas evolucionistas sostienen que la aceptación de la ciencia moderna no implica abandonar la autoridad de las Escrituras. En cambio, invita a reconsiderar las dimensiones literarias, históricas y teológicas de la interpretación bíblica.

Este enfoque se basa frecuentemente en la rica historia de la interpretación no literal dentro del cristianismo. Mucho antes del surgimiento de la ciencia moderna, teólogos influyentes reconocieron dimensiones simbólicas, alegóricas y teológicas en el Génesis. Estas tradiciones demuestran que la lectura fiel de las Escrituras nunca se ha limitado a un único método interpretativo. Los creacionistas evolucionistas argumentan que el conocimiento científico contemporáneo debería alentar a los intérpretes a distinguir entre las afirmaciones teológicas del texto y las antiguas suposiciones cosmológicas que reflejan el contexto histórico en el que fue escrito.

La cuestión de los orígenes humanos constituye otro importante tema de debate. La ciencia evolutiva indica que la humanidad surgió a través de un largo proceso de desarrollo biológico, y no mediante un acto repentino de creación especial. Esto plantea interrogantes sobre las doctrinas tradicionales relacionadas con Adán y Eva, el pecado original y la imagen de Dios. Los creacionistas evolucionistas han propuesto diversas respuestas, lo que refleja la diversidad que existe dentro del propio movimiento.

Algunos sostienen que Adán y Eva fueron individuos históricos elegidos por Dios de entre una población mayor de los primeros humanos. Otros los interpretan como figuras arquetípicas que representan a la humanidad en su conjunto. Otros, en cambio, adoptan lecturas simbólicas o teológicas que se centran en las realidades universales descritas en el relato del Génesis, en lugar de en detalles históricos específicos. A pesar de estas diferencias, la mayoría de los creacionistas evolucionistas coinciden en que las afirmaciones teológicas esenciales sobre la pecaminosidad humana, la responsabilidad moral y la necesidad de la gracia divina pueden preservarse sin necesidad de rechazar la ciencia evolucionista.

La doctrina de la imagen de Dios ocupa un lugar particularmente importante en estos debates. Los creacionistas evolucionistas suelen argumentar que la imagen de Dios no debe identificarse con una característica biológica o genética específica, sino que se entiende en términos relacionales, funcionales o vocacionales. Los seres humanos portan la imagen de Dios porque son llamados a relacionarse con Él y se les confían responsabilidades dentro de la creación. La continuidad evolutiva con otras formas de vida no niega esta vocación, sino que resalta las extraordinarias maneras en que Dios ha creado criaturas capaces de reflexión moral, conciencia espiritual y una relación de alianza.

La coherencia científica de la creación evolutiva constituye una de sus mayores fortalezas. A diferencia de los enfoques que rechazan la biología convencional, la creación evolutiva integra plenamente los hallazgos de la ciencia contemporánea. Acepta el origen común, la antigüedad geológica, la genética de poblaciones y el marco general de la teoría evolutiva. Este compromiso permite a sus defensores dialogar de forma constructiva con la investigación científica sin necesidad de recurrir a modelos científicos alternativos ni a las lagunas del conocimiento actual. Los descubrimientos científicos se consideran oportunidades para profundizar en la comprensión del mundo natural, en lugar de amenazas a las creencias teológicas.

Al mismo tiempo, la creación evolutiva se enfrenta a críticas desde múltiples frentes. Algunos críticos dentro de las comunidades cristianas argumentan que compromete doctrinas esenciales al adaptarse a teorías científicas seculares. Les preocupa que las interpretaciones no literales del Génesis debiliten la autoridad bíblica y socaven fundamentos teológicos. Con frecuencia surgen inquietudes respecto a la realidad histórica de Adán y Eva, la naturaleza del pecado original y la relación entre la muerte y la Caída. Para estos críticos, la creación evolutiva corre el riesgo de erosionar las estructuras teológicas tradicionales al adaptarlas con demasiada facilidad a los paradigmas científicos contemporáneos.

Por el contrario, algunos críticos seculares sostienen que la creación evolutiva introduce supuestos teológicos innecesarios en un marco científico que funciona eficazmente sin referencia a Dios. Desde esta perspectiva, las apelaciones al propósito o la providencia divinos no aportan valor explicativo a las explicaciones científicas de la evolución. Los creacionistas evolucionistas responden enfatizando que la teología y la ciencia abordan dimensiones diferentes de la realidad. Las explicaciones científicas describen mecanismos, mientras que la teología aborda cuestiones de significado, propósito y causalidad última que escapan al alcance de la investigación empírica.

Otro tema de debate actual se refiere al papel de la contingencia en la historia evolutiva. La biología evolutiva enfatiza la importancia de los eventos fortuitos, incluyendo mutaciones, cambios ambientales y extinciones. La historia de la vida parece marcada por la imprevisibilidad y la apertura, más que por un determinismo estricto. Por lo tanto, los creacionistas evolucionistas deben explicar cómo la providencia divina se relaciona con procesos genuinamente contingentes. Muchos argumentan que la soberanía divina no requiere una predeterminación exhaustiva de cada evento. Dios puede cumplir sus propósitos divinos a través de una creación que posee verdadera libertad y apertura. La contingencia deja de ser una amenaza para la providencia para convertirse en uno de los medios mediante los cuales la creación se desarrolla dinámicamente.

Esta comprensión suele conducir a una visión más amplia de la creación misma. En lugar de considerar la creación como un único evento consumado en un pasado distante, la creación evolutiva la presenta como un proceso continuo. Dios crea constantemente a través del desarrollo de la historia del universo. El surgimiento de galaxias, estrellas, planetas, ecosistemas y organismos vivos forma parte del drama continuo de la creación. La evolución se integra en una narrativa teológica más amplia en la que Dios genera nuevas posibilidades mediante los procesos regidos por leyes inherentes a la creación.

En definitiva, la creación evolutiva representa un esfuerzo por afirmar tanto la integridad científica como la fidelidad teológica. Busca evitar la falsa dicotomía entre aceptar la ciencia moderna y mantener la fe cristiana. Al distinguir entre diferentes niveles de explicación, enfatizar la riqueza de la interpretación bíblica y reinterpretar las doctrinas tradicionales a la luz del conocimiento contemporáneo, la creación evolutiva ofrece un marco constructivo para abordar uno de los desafíos intelectuales más importantes del mundo moderno.

Independientemente de si sus conclusiones resultan convincentes o no, la creación evolutiva demuestra que la relación entre evolución y cristianismo no tiene por qué definirse por el conflicto. Presenta una visión en la que el descubrimiento científico y la reflexión teológica se entienden como búsquedas complementarias, cada una contribuyendo a una comprensión más profunda de una realidad que es inteligible para la investigación científica y significativa dentro de los propósitos de Dios. En esta visión, la evolución no es rival de la creación, sino una de las formas en que la creación misma se desarrolla bajo el cuidado providencial de su Creador.

# *Capítulo 16*
# *Respuestas teológicas alternativas a la evolución*

La aceptación de la teoría evolutiva en la ciencia contemporánea no ha generado una única respuesta teológica. Si bien la creación evolutiva y la evolución teísta representan intentos influyentes de integrar la biología moderna con la doctrina cristiana, muchos otros enfoques teológicos siguen influyendo en el debate. Estas perspectivas difieren en sus interpretaciones de las Escrituras, su comprensión de la acción divina, su evaluación de la evidencia científica y sus compromisos teológicos más amplios. La diversidad de respuestas demuestra que el encuentro entre evolución y teología no es simplemente una disputa sobre hechos científicos, sino una discusión más profunda sobre hermenéutica, metafísica, doctrina y la naturaleza misma de la revelación. El análisis de estas respuestas alternativas ofrece una valiosa perspectiva sobre la variedad de maneras en que los cristianos han buscado comprender la creación a la luz de los avances científicos modernos.

Una de las alternativas más destacadas es el creacionismo de la Tierra joven. Esta perspectiva sostiene que los primeros capítulos del Génesis deben interpretarse como un relato mayormente literal de los orígenes cósmicos y humanos. Según esta visión, Dios creó el universo, la Tierra y todas las principales formas de vida en seis días ordinarios, y la Tierra misma tiene solo miles de años, no miles de millones. Se entiende que los seres humanos descienden directamente de un Adán y una Eva históricos creados de forma especial, y generalmente se considera que la muerte entró en la creación a causa del pecado humano.

El creacionismo de la Tierra joven se basa principalmente en la preocupación por la autoridad bíblica. Sus defensores suelen argumentar que abandonar una lectura literal del Génesis socava la confianza en la fiabilidad de las Escrituras en su conjunto. Para muchos, la cuestión no es meramente científica, sino teológica. La realidad histórica de Adán y Eva, la Caída y la entrada de la muerte en el mundo se consideran pilares fundamentales de la doctrina cristiana. Por consiguiente, la teoría de la evolución se considera incompatible con los compromisos teológicos esenciales.

A pesar de su popularidad en algunas comunidades religiosas, el creacionismo de la Tierra joven enfrenta importantes desafíos desde la perspectiva de la ciencia contemporánea. La evidencia proveniente de la geología, la cosmología, la física, la genética y la paleontología respalda abrumadoramente una Tierra antigua y un origen común. Los intentos de conciliar esta evidencia con la idea de una Tierra joven a menudo requieren modelos científicos alternativos que siguen siendo en gran medida rechazados por la comunidad científica en general. Los críticos argumentan que tales enfoques corren el riesgo de crear una tensión innecesaria entre la fe y el conocimiento científico, lo que podría llevar a los creyentes a rechazar conclusiones científicas bien establecidas.

Al mismo tiempo, la persistencia del creacionismo de la Tierra joven pone de relieve importantes preocupaciones teológicas que no pueden desestimarse a la ligera. Cuestiones como la interpretación bíblica, la singularidad humana, el pecado y la redención siguen siendo fundamentales para la teología cristiana, independientemente de las conclusiones científicas. Incluso los críticos del creacionismo de la Tierra joven suelen reconocer que su énfasis en la autoridad de las Escrituras refleja preocupaciones teológicas legítimas, aunque discrepen de sus métodos interpretativos.

Una segunda alternativa importante es el creacionismo de la Tierra antigua. A diferencia del creacionismo de la Tierra joven, esta perspectiva acepta la evidencia científica de un universo y una Tierra antiguos, pero rechaza la idea de que toda la diversidad biológica surgió por descendencia común. Los creacionistas de la Tierra antigua generalmente afirman que el cosmos tiene miles de millones de años y que los procesos geológicos ocurrieron a lo largo de inmensos periodos de tiempo. Sin embargo, sostienen que Dios intervino periódicamente en la historia para crear nuevas formas de vida mediante actos directos de intervención divina.

El creacionismo de la Tierra antigua ocupa una posición intermedia entre el creacionismo de la Tierra joven y la creación evolutiva. Acepta gran parte de la cosmología y la geología modernas, aunque se muestra escéptico ante ciertos aspectos de la biología evolutiva. Sus defensores suelen argumentar que algunas estructuras biológicas presentan niveles de complejidad difíciles de explicar únicamente mediante mecanismos evolutivos naturales. Por consiguiente, proponen que la acción divina desempeñó un papel más directo en el surgimiento de importantes innovaciones biológicas.

La fuerza del creacionismo de la Tierra antigua reside en su disposición a considerar la evidencia científica, manteniendo al mismo tiempo un fuerte énfasis en la intencionalidad divina. Sin embargo, los críticos sostienen que a menudo se basa en supuestas lagunas en las explicaciones científicas actuales. A medida que avanza el conocimiento científico, las explicaciones que antes parecían esquivas se comprenden mejor, lo que suscita inquietudes sobre la conveniencia de fundamentar las afirmaciones teológicas en áreas de conocimiento científico incompleto. Estas inquietudes han llevado a muchos teólogos a buscar modelos de acción divina que no dependan de cuestiones científicas sin resolver.

Más allá de las perspectivas creacionistas, algunos teólogos han explorado enfoques más simbólicos y alegóricos del Génesis y los relatos de la creación. Estas tradiciones tienen profundas raíces históricas en el cristianismo. Mucho antes del auge de la ciencia moderna, muchos teólogos reconocieron que los textos bíblicos comunican con frecuencia verdades teológicas a través del lenguaje simbólico, las estructuras narrativas y las imágenes literarias. Dichos enfoques enfatizan las intenciones teológicas de las Escrituras, en lugar de su función como relato científico de los orígenes materiales.

Las lecturas alegóricas y simbólicas suelen centrarse en temas como la soberanía divina, la vocación humana, la responsabilidad moral y la relación entre Dios y la creación. Los relatos de la creación se entienden principalmente como afirmaciones teológicas, más que como descripciones cronológicas de eventos físicos. Desde esta perspectiva, las explicaciones científicas de la historia evolutiva no amenazan la autoridad de las Escrituras, ya que los textos bíblicos nunca tuvieron la intención de funcionar como explicaciones científicas en el sentido moderno.

Estas tradiciones interpretativas ofrecen una considerable flexibilidad para abordar la ciencia contemporánea. Permiten a la teología preservar las afirmaciones doctrinales fundamentales, evitando conflictos innecesarios con la evidencia empírica. Sin embargo, algunos críticos argumentan que las interpretaciones simbólicas corren el riesgo de desvincular la teología de la realidad histórica. Si las narrativas bíblicas se vuelven completamente metafóricas, surgen interrogantes sobre cómo se relacionan las afirmaciones teológicas con los acontecimientos históricos reales. Mantener un equilibrio adecuado entre el significado simbólico y el fundamento histórico sigue siendo un desafío constante.

Otra respuesta significativa a la evolución surge de la teología del proceso. Influenciada por la filosofía de Alfred North Whitehead y pensadores posteriores, la teología del proceso presenta una comprensión radicalmente diferente de Dios y la creación. En lugar de considerar a Dios como un ser que ejerce un control unilateral sobre el mundo, los teólogos del proceso enfatizan la persuasión divina en lugar de la coerción. Dios influye en la creación ofreciendo posibilidades y guiando su desarrollo, pero la creación posee verdadera libertad y autonomía.

Esta perspectiva se alinea naturalmente con la ciencia evolutiva, ya que reconoce la contingencia, la apertura y la novedad como características fundamentales de la realidad. La historia evolutiva, con su imprevisibilidad y creatividad, se interpreta como evidencia de un mundo que participa genuinamente en su propio desarrollo. Dios actúa dentro de este proceso, fomentando una mayor complejidad, belleza y valor sin predeterminar cada resultado.

La teología del proceso ofrece recursos convincentes para abordar cuestiones como el mal natural y el sufrimiento evolutivo. Dado que Dios no ejerce un control absoluto sobre cada acontecimiento, la existencia del sufrimiento no implica la voluntad divina de cada suceso doloroso. En cambio, el sufrimiento refleja los riesgos inherentes a un mundo caracterizado por la auténtica libertad y creatividad. El papel de Dios se entiende como el de compartir el sufrimiento de la creación, guiándola continuamente hacia una mayor plenitud.

A pesar de sus virtudes, la teología del proceso ha generado una considerable controversia dentro de la teología cristiana. Sus críticos argumentan que se aparta demasiado radicalmente de las doctrinas tradicionales de soberanía, omnipotencia y trascendencia divinas. Al redefinir la relación de Dios con el mundo, la teología del proceso plantea interrogantes sobre si sigue siendo plenamente compatible con la concepción clásica cristiana de Dios.

El teísmo abierto representa otra alternativa influyente. Al igual que la teología del proceso, el teísmo abierto enfatiza la naturaleza dinámica de la relación de Dios con la creación. Sin embargo, generalmente se mantiene más cercano a la doctrina cristiana tradicional. Los teístas abiertos sostienen que Dios posee un conocimiento completo de todas las posibilidades, pero que el futuro contiene elementos genuinamente abiertos que aún no se han determinado. La libertad humana y los procesos naturales contribuyen a un futuro que no está completamente predeterminado.

En un contexto evolutivo, el teísmo abierto proporciona un marco para comprender la contingencia y la novedad sin renunciar a la providencia divina. La historia evolutiva se concibe como un despliegue genuino de posibilidades, más que como un guion predeterminado. Dios permanece activamente involucrado en la creación, al tiempo que permite que las criaturas y los procesos naturales participen de manera significativa en la configuración del futuro. Este modelo busca preservar tanto la soberanía divina como la auténtica apertura dentro del orden creado.

En contraste con estos enfoques, el teísmo clásico sigue siendo el marco dominante de gran parte de la teología cristiana. El teísmo clásico afirma la trascendencia, la omnipotencia, la omnisciencia y la providencia divinas sobre la creación. Históricamente, muchos teólogos clásicos han adaptado su comprensión de la creación para incorporar los avances científicos, conservando al mismo tiempo sus principios doctrinales fundamentales. Dentro de este marco, los procesos evolutivos suelen interpretarse como causas secundarias que operan bajo la acción sustentadora y rectora de Dios.

El teísmo clásico ofrece una estabilidad teológica y una continuidad significativas con la doctrina cristiana histórica. Proporciona explicaciones sólidas de la creación, la providencia y la soberanía divina, a la vez que permite el diálogo con el conocimiento científico. Sin embargo, debe abordar continuamente cuestiones relativas a la relación entre el propósito divino y la contingencia evolutiva, así como el problema del sufrimiento en un mundo en constante evolución.

La diversidad de estas respuestas demuestra que ninguna reacción teológica a la evolución ha alcanzado una aceptación universal. Cada enfoque refleja preocupaciones, prioridades y supuestos particulares con respecto a las Escrituras, la ciencia y la doctrina. Algunos enfatizan la autoridad bíblica, otros la coherencia científica, otros la libertad divina y otros la participación humana en el desarrollo de la historia de la creación.

En definitiva, la diversidad de respuestas revela la riqueza y complejidad del diálogo teológico con la ciencia evolutiva. La cuestión no radica simplemente en si la evolución se acepta o se rechaza, sino en cómo pueden entenderse las doctrinas cristianas fundamentales dentro de un mundo cada vez más interpretado a través de la historia evolutiva. El diálogo constante entre estas perspectivas sigue dando forma a la teología contemporánea, invitando a los creyentes a reflexionar detenidamente sobre la creación, la providencia, la naturaleza humana y el Dios que subyace a todo el drama de la existencia cósmica y biológica.

# *Parte VI*

# *Doctrina revisada a la luz de la evolución*

## *Capítulo 17*
## *Creación y providencia continua*

La doctrina de la creación constituye el fundamento de la teología cristiana. Afirma que todas las cosas deben su existencia, en última instancia, a Dios y que el universo no es ni autooriginario ni autosostenible. Sin embargo, a lo largo de la historia del cristianismo, los teólogos han reconocido que la creación implica más que el comienzo inicial del cosmos. La creación no es simplemente un acontecimiento pasado situado en el origen del tiempo; es una realidad continua fundamentada en la actividad constante de Dios. Cada instante de la existencia depende del poder sustentador divino. En el contexto de la ciencia evolutiva contemporánea, esta comprensión más amplia de la creación ha adquirido una importancia creciente. La inmensa edad del universo, el desarrollo gradual de la vida y el carácter dinámico de los procesos naturales invitan a la teología a trascender las concepciones estáticas de la creación y a avanzar hacia una visión más amplia de la providencia divina que opera a lo largo de la historia cósmica.

Muchos debates populares sobre la creación se centran casi exclusivamente en la cuestión de los comienzos. Con frecuencia giran en torno a cómo se originó el universo, cómo surgió la vida o cómo apareció la humanidad. Si bien estas preguntas son importantes, representan solo una dimensión de la doctrina de la creación. La teología cristiana clásica ha sostenido consistentemente que la creación implica no solo el origen, sino también el sustento. Dios no simplemente crea el universo para luego retirarse de él. Más bien,

Dios sostiene continuamente la existencia de todas las cosas creadas. El universo existe en cada instante porque es sostenido por el poder divino.

Esta distinción entre la creación inicial y el sustento continuo tiene profundas implicaciones para la relación entre teología y ciencia. Las explicaciones científicas describen los procesos que ocurren en el universo. La cosmología investiga el desarrollo de galaxias, estrellas y sistemas planetarios. La biología explora los mecanismos mediante los cuales la vida evoluciona y se diversifica. La física examina las interacciones fundamentales que rigen la materia y la energía. Sin embargo, ninguna de estas disciplinas aborda la cuestión metafísica más profunda de por qué existe algo. Las explicaciones científicas presuponen la existencia de una realidad susceptible de ser investigada. La doctrina de la creación se dirige a este nivel más profundo, afirmando que la existencia misma depende de Dios.

El concepto de creación ex nihilo ocupa un lugar central en esta concepción. La expresión significa "creación de la nada" y expresa la creencia de que Dios no creó el universo a partir de materiales preexistentes. Más bien, toda la realidad creada debe su existencia enteramente a la iniciativa divina. La creación ex nihilo enfatiza la trascendencia radical de Dios y la completa dependencia de la creación respecto de su Creador. Todo lo que existe independientemente de Dios existe porque Dios así lo quiere libremente.

Es importante destacar que la creación ex nihilo no es principalmente una afirmación científica sobre el origen físico del universo, sino una afirmación teológica sobre la relación entre Dios y la creación. Ya sea que el universo comenzara con una singularidad, surgiera mediante procesos cuánticos o se desarrollara a través de mecanismos aún no del todo comprendidos, la doctrina de la creación ex nihilo sostiene que su existencia depende, en última instancia, de Dios. Las teorías científicas pueden describir los orígenes físicos, pero la teología aborda la cuestión más profunda de la dependencia ontológica.

La concepción evolutiva de la vida refuerza aún más la importancia de comprender la creación como un proceso continuo. La evolución revela un universo caracterizado por el desarrollo, el surgimiento y la transformación. La vida no se presenta como una colección de formas fijas e inmutables, sino como una red dinámica de relaciones que se despliegan a lo largo de vastos periodos de tiempo. Surgen nuevas especies, los ecosistemas evolucionan y la complejidad biológica aumenta mediante procesos naturales. Esta visión desafía las concepciones de la creación que se centran exclusivamente en actos aislados de intervención divina.

Por ello, muchos teólogos han enfatizado el concepto de creación continua. Según esta perspectiva, la creación no se limita a un pasado remoto, sino que es una realidad constante. Dios crea continuamente a través de los procesos que se desarrollan en el mundo natural. El surgimiento de las estrellas, la formación de los planetas, la evolución de la vida y el desarrollo de la conciencia humana forman parte del drama continuo de la creación. La creatividad divina se expresa no solo en los orígenes, sino también en la existencia sostenida y dinámica del universo.

Esta comprensión encuentra respaldo en la teología bíblica misma. Las Escrituras frecuentemente presentan a Dios participando activamente en la vida de la creación. Los procesos naturales como la lluvia, el crecimiento, la fertilidad y los ciclos estacionales se entienden como manifestaciones del cuidado y la guía divinos. La creación no se describe como una máquina que opera independientemente de Dios, sino como una realidad sostenida continuamente por la presencia divina. El mundo sigue dependiendo de Dios no solo en su origen, sino en cada instante de su existencia.

La doctrina de la providencia proporciona el marco teológico para comprender esta relación constante. La providencia se refiere a la actividad de Dios que sustenta, gobierna y dirige la creación. Mediante la providencia, Dios preserva la existencia del mundo y lo guía hacia sus propósitos divinos. Históricamente, la teología cristiana ha distinguido la providencia de la creación, si bien reconoce su íntima conexión. La creación establece la existencia del mundo; la providencia la sustenta y la dirige a lo largo del tiempo.

El reto que plantea la ciencia moderna es articular una doctrina de la providencia que respete la integridad de los procesos naturales. Los modelos teológicos anteriores a veces presentaban la acción divina como resultado principalmente de interrupciones milagrosas de la causalidad ordinaria. Si bien tales intervenciones siguen siendo importantes en ciertos contextos teológicos, los debates contemporáneos enfatizan cada vez más la actividad de Dios dentro de los procesos naturales, en lugar de en contra de ellos. La biología evolutiva, la geología y la física revelan un mundo caracterizado por regularidades de tipo nomológico y patrones consistentes. La pregunta es cómo opera la providencia divina dentro de un mundo así.

La teología clásica ofrece recursos significativos para abordar este tema mediante el concepto de causalidad secundaria. Según este marco, las entidades creadas poseen auténticos poderes causales. Los procesos naturales son reales y eficaces. Las plantas crecen mediante mecanismos biológicos, los planetas se mueven según las leyes de la gravedad y los organismos evolucionan a través de la variación genética y la selección natural. Estas causas naturales no compiten con la acción divina. Por el contrario, funcionan porque Dios les otorga continuamente existencia y eficacia.

La distinción entre causalidad primaria y secundaria permite a la teología afirmar tanto la soberanía divina como la integridad natural. Dios actúa como causa primaria de toda existencia, mientras que las realidades creadas funcionan como causas secundarias dentro del orden creado. La acción divina no reemplaza los procesos naturales, sino que los posibilita. Por lo tanto, los mecanismos evolutivos pueden entenderse como causas naturales genuinas que operan dentro de un mundo sostenido continuamente por Dios.

Esta perspectiva ayuda a evitar la idea errónea de que las explicaciones científicas eliminan de alguna manera la necesidad de la acción divina. Los descubrimientos científicos suelen revelar descripciones cada vez más detalladas de cómo operan los procesos naturales. Sin embargo, explicar cómo funciona un proceso no explica por qué existe ni por qué posee sus capacidades particulares. El descubrimiento de mecanismos naturales no desplaza a Dios, sino que ilumina los medios a través de los cuales se desarrolla la creación. La acción divina y la causalidad natural operan en diferentes niveles explicativos.

Las leyes de la naturaleza ocupan un lugar particularmente importante en los debates sobre la providencia. La investigación científica depende de la existencia de regularidades estables que posibilitan la predicción y la explicación. Las leyes físicas describen patrones consistentes que rigen el comportamiento de la materia y la energía. Desde una perspectiva teológica, estas leyes pueden entenderse como expresiones de la fidelidad divina. La regularidad de la naturaleza refleja la fiabilidad del Creador que la sustenta.

Esta interpretación evita dos extremos comunes. Por un lado, el deísmo, que presenta a Dios como creador del universo y luego se retira de la intervención activa. Por otro lado, el ocasionalismo, que atribuye cada evento directamente a la intervención divina, minimizando la realidad de las causas naturales. La doctrina de la providencia ofrece un camino intermedio al afirmar tanto el continuo obrar de Dios como la genuina integridad causal de la creación.

La historia evolutiva enriquece aún más esta comprensión al revelar una creación caracterizada por la apertura y la creatividad. El desarrollo de la vida implica contingencia, adaptación y novedad. A lo largo de la historia evolutiva, surgen nuevas posibilidades. Esta creatividad no debe considerarse un desafío a la providencia divina, sino que puede reflejar la riqueza de una creación dotada de auténticas capacidades de desarrollo y transformación. La providencia divina no requiere un determinismo rígido. Los propósitos divinos pueden cumplirse mediante procesos que implican libertad, contingencia y emergencia.

Esta comprensión dinámica de la creación y la providencia tiene implicaciones significativas para la teología. Fomenta una visión del universo como un proyecto en constante evolución, más que como un artefacto acabado. La creación no es simplemente algo que Dios hizo; es algo que Dios continúa haciendo. Cada instante de la existencia participa de la actividad creativa de Dios. El universo sigue dependiendo del poder sustentador divino, mientras que los procesos naturales se desarrollan según las capacidades inherentes a la creación misma.

La integración de la creación y la providencia ofrece, en última instancia, un marco capaz de incorporar los conocimientos de la ciencia moderna sin abandonar las convicciones teológicas fundamentales.

La historia evolutiva, lejos de socavar la creencia en la creación, revela la extraordinaria profundidad y complejidad del proceso creativo. El universo no depende menos de Dios por desarrollarse mediante procesos naturales. Al contrario, esos mismos procesos se convierten en expresiones de la sabiduría divina que sustenta todas las cosas.

La creación y la providencia continua, por lo tanto, se complementan como dimensiones de la teología cristiana. La creación afirma que el universo existe gracias a Dios. La providencia afirma que continúa existiendo, desarrollándose y avanzando hacia su plenitud gracias a Dios. En un mundo evolutivo caracterizado por un tiempo profundo, leyes naturales y un surgimiento constante, esta visión ofrece una poderosa explicación teológica de una creación que es a la vez científicamente inteligible y sostenida continuamente por la presencia fiel de su Creador.

# *Capítulo 18*
# *La Caída, el pecado y la condición humana*
## *Lecturas no literales*

**Repensando "La Caída"**

Pocas doctrinas han sido tan profundamente cuestionadas por las interpretaciones evolucionistas de los orígenes humanos como la doctrina tradicional de la Caída. La teología cristiana clásica solía interpretar la Caída como un acontecimiento histórico en el que los primeros seres humanos desobedecieron a Dios, introduciendo así el pecado, la muerte y la corrupción en una creación originalmente perfecta. Esta interpretación estaba estrechamente ligada a las lecturas del Génesis que consideraban a Adán y Eva como los progenitores biológicos de toda la raza humana y la Caída como un momento singular que alteró fundamentalmente tanto a la humanidad como al mundo natural. Sin embargo, la explicación evolucionista de los orígenes humanos presenta una imagen muy diferente. La humanidad surgió gradualmente de poblaciones de homininos anteriores a lo largo de vastos periodos de tiempo. No hubo un momento único en el que los humanos biológicamente modernos aparecieran repentinamente, ni existe evidencia de un estado primordial de perfección moral seguido de un colapso histórico catastrófico. Estas aportaciones científicas han llevado a muchos teólogos a reconsiderar cómo podrían entenderse las doctrinas de la Caída y el pecado original sin abandonar su significado teológico esencial.

Por lo tanto, un número creciente de teólogos ha abordado la Caída no principalmente como un evento histórico, sino como una narración teológica que expresa profundas verdades sobre la condición humana. Desde esta perspectiva, el relato del Génesis funciona como un relato simbólico o mitohistórico que revela la realidad universal del distanciamiento del ser humano de Dios. La narración transmite verdades sobre la relación de la humanidad con Dios, entre sí y con la creación, sin requerir una interpretación literal de cada detalle. El enfoque se desplaza de la reconstrucción de un evento prehistórico específico a la comprensión de las realidades perdurables que describe el relato.

Este enfoque reconoce que los primeros capítulos del Génesis pertenecen a un mundo literario y teológico muy distinto al de la historiografía moderna. Las narrativas antiguas solían comunicar significados teológicos mediante estructuras simbólicas, personajes arquetípicos y patrones narrativos, en lugar de mediante una descripción histórica precisa. La historia de Adán y Eva aborda cuestiones de identidad, libertad, tentación, responsabilidad y alienación. Su propósito no es necesariamente ofrecer una explicación científica o histórica de los orígenes humanos, sino iluminar la naturaleza de la relación de la humanidad con Dios.

**Adán como arquetipo**

Dentro de este marco, Adán puede entenderse como una figura arquetípica que representa a la humanidad en su conjunto. Más que un ancestro biológico, Adán se convierte en un símbolo teológico de la existencia humana universal. El nombre mismo conlleva connotaciones de la humanidad en general, enfatizando el carácter representativo de la narración. La historia de Adán es, por lo tanto, la historia de todo ser humano. Describe no solo lo que le sucedió a un individuo en el pasado remoto, sino también lo que sigue caracterizando la condición humana.

Esta interpretación arquetípica presenta importantes ventajas teológicas. Preserva la universalidad del pecado sin exigir que todos los seres humanos desciendan biológicamente de una única pareja ancestral. La importancia de la narración no reside en la genealogía, sino en la representación. La humanidad en su conjunto comparte las realidades descritas en la historia de Adán, ya que cada persona participa de los mismos patrones de libertad, tentación, fracaso y alienación. La doctrina conserva su profundidad teológica a la vez que se vuelve compatible con las explicaciones evolucionistas del origen humano.

**El pecado original reinterpretado**

El concepto de pecado original también experimenta una reinterpretación significativa dentro de este marco. Las formulaciones tradicionales solían enfatizar la herencia de la culpa o la corrupción a través de la descendencia biológica de Adán. Estos modelos resultan difíciles de sostener cuando se entiende que la humanidad surge de una población, en lugar de una única pareja de ancestros. En consecuencia, muchos teólogos contemporáneos han desplazado su atención de la transmisión biológica a la realidad universal del pecado en la existencia humana.

El pecado original puede entenderse como la condición generalizada de alienación que caracteriza la vida humana. Toda persona nace en un mundo ya moldeado por relaciones rotas, deseos distorsionados, estructuras injustas y patrones de egocentrismo. El pecado no es simplemente una serie de actos individuales, sino una condición que impregna la existencia humana. Los individuos heredan no la culpa en un sentido biológico, sino la participación en una realidad ya marcada por la alienación de Dios y de los demás. Esta interpretación conserva la idea central de la doctrina: que el pecado es universal e ineludible, evitando al mismo tiempo depender de supuestos biológicos obsoletos.

**Evolución y surgimiento moral**

La antropología evolutiva aporta recursos adicionales para comprender esta condición universal. Los seres humanos evolucionaron como criaturas altamente sociales cuya supervivencia dependía de la cooperación dentro de los grupos. Al mismo tiempo, las presiones evolutivas también favorecieron rasgos asociados con la competencia, la autopreservación y la lealtad al grupo. Por lo tanto, la naturaleza humana refleja una compleja mezcla de tendencias altruistas y egoístas. Las mismas capacidades que posibilitan el amor, la cooperación y la comunidad también pueden dar lugar a conflictos, exclusión y violencia.

Desde una perspectiva teológica, estas realidades evolutivas no deben interpretarse como pecaminosas en sí mismas. Los instintos naturales de supervivencia y autoconservación no constituyen fallas morales. Sin embargo, una vez que los seres humanos desarrollaron la autoconciencia, la responsabilidad moral y la libertad, estos instintos se integraron en un panorama moral más complejo. La capacidad de elección consciente introdujo la posibilidad de orientar la vida hacia Dios y los demás o hacia el egocentrismo y la alienación. El pecado no surge únicamente de la biología, sino del mal uso de la libertad dentro de una existencia moralmente consciente.

**Continuidad doctrinal**

Esta comprensión desplaza la atención de una única caída histórica hacia el surgimiento gradual de la capacidad moral. En algún punto del desarrollo humano, nuestros antepasados se volvieron capaces de autotrascendencia, reflexión moral y conciencia de la realidad divina. Adquirieron la habilidad de reconocer obligaciones, evaluar opciones y responder a Dios con libertad. Con estas capacidades surgió la posibilidad del pecado. El distanciamiento de la humanidad de Dios no fue necesariamente el resultado de un acto aislado cometido por un par de individuos en particular, sino una tendencia universal que surge allí donde las criaturas finitas y libres se enfrentan a las exigencias del amor divino.

Esta interpretación no disminuye la gravedad del pecado. Al contrario, subraya su carácter generalizado y universal. El pecado no es una característica accidental de la existencia humana, sino una realidad profundamente arraigada en la condición humana. Todo individuo experimenta la tensión entre el amor altruista y el deseo egoísta. Toda sociedad exhibe patrones de injusticia, exclusión y dominación. La historia de la humanidad demuestra repetidamente la persistencia de la violencia, la codicia, el orgullo y la alienación. La doctrina del pecado sigue siendo indispensable porque proporciona una explicación teológica a realidades que continúan configurando tanto la existencia personal como la colectiva.

Un aspecto importante de esta reinterpretación radica en reconocer las dimensiones estructurales del pecado. Los debates tradicionales solían centrarse principalmente en las faltas individuales. La teología contemporánea, en cambio, enfatiza cada vez más que el pecado también se manifiesta en los sistemas sociales, las instituciones y los patrones culturales. Los seres humanos heredan la participación en estructuras que perpetúan la desigualdad, la explotación y la violencia. Estas realidades no pueden reducirse únicamente a decisiones individuales, sino que representan expresiones colectivas del distanciamiento de la humanidad respecto a los propósitos divinos para la creación.

Las perspectivas evolutivas pueden, de hecho, reforzar la conciencia de estas dimensiones estructurales. Los seres humanos evolucionaron en entornos sociales tribales y competitivos que fomentaban marcadas distinciones entre miembros del grupo y ajenos a él. Si bien tales tendencias pudieron haber tenido en el pasado propósitos adaptativos, a menudo contribuyen al prejuicio, el conflicto y la exclusión en las sociedades modernas. La reflexión teológica interpreta estas tendencias no como excusas para las malas acciones, sino como aspectos de la condición humana que requieren transformación a través de la gracia.

La reinterpretación de la Caída también invita a reconsiderar la doctrina de la gracia. Si el pecado es una característica universal de la existencia humana, y no solo la consecuencia de un antiguo acontecimiento histórico, entonces la necesidad de redención se vuelve aún más profunda. La humanidad no puede simplemente regresar a un paraíso perdido, pues no existió un estado histórico de perfección moral del cual cayó. En cambio, la redención implica transformación y plenitud, más que mera restauración. La obra salvadora de Dios aborda las realidades de la fragilidad humana dondequiera y comoquiera que se manifiesten.

**Cumplimiento cristológico**

Esta perspectiva conduce naturalmente a un enfoque cristológico. En la teología cristiana, el significado de Adán siempre se ha entendido en relación con Cristo. El Nuevo Testamento presenta a Jesús como el «segundo Adán», el ser humano que triunfa donde la humanidad ha fracasado. En interpretaciones no literales, este paralelismo conserva todo su significado. Adán simboliza la condición universal de la alienación humana, mientras que Cristo encarna la posibilidad de una relación restaurada con Dios. El contraste no depende de una lectura histórica literal del Génesis, sino de las realidades teológicas que expresan las narrativas.

Cristo representa la plenitud de la vocación humana. Donde los seres humanos tienden a replegarse sobre sí mismos, Cristo encarna el amor y la obediencia perfectos. Donde el pecado produce alienación, Cristo trae la reconciliación. El significado de la redención no reside en revertir una herencia biológica, sino en transformar la condición humana universal. La salvación aborda las realidades del pecado, la fragilidad y el desarraigo que caracterizan toda vida humana.

En definitiva, las interpretaciones no literales de la Caída buscan preservar la esencia de la doctrina cristiana al tiempo que dialogan con honestidad con el conocimiento científico contemporáneo. Afirman la universalidad del pecado, la realidad del distanciamiento del ser humano de Dios, la necesidad de la gracia y la centralidad de la obra redentora de Cristo. Al mismo tiempo, reconocen que estas verdades teológicas no tienen por qué depender de una lectura literal de relatos antiguos ni de una comprensión preevolucionista de los orígenes humanos.

El resultado es una visión de la humanidad profundamente realista respecto a la persistencia del pecado, a la vez que profundamente esperanzadora en la posibilidad de la redención. La historia evolutiva revela cómo surgieron los seres humanos mediante procesos naturales, pero la teología revela por qué la humanidad permanece inquieta, conflictuada y necesitada de la gracia. La historia de la Caída sigue vigente porque describe no solo un acontecimiento antiguo, sino la realidad perdurable de lo que significa ser humano.

# *Capítulo 19*
# *Escatología y nueva creación*

El diálogo entre la ciencia evolutiva y la teología cristiana plantea inevitablemente interrogantes no solo sobre los orígenes, sino también sobre el destino. Gran parte del debate en torno a la evolución se ha centrado en el origen de la humanidad y el cosmos, el desarrollo de la vida y la posible reinterpretación de las doctrinas tradicionales a la luz de los descubrimientos científicos. Sin embargo, la teología cristiana nunca se ha preocupado únicamente por los comienzos. La narrativa bíblica avanza desde la creación hacia la consumación, desde el origen del mundo hacia su plenitud final en Dios. La escatología, el estudio teológico de los últimos tiempos, ocupa, por lo tanto, un lugar crucial en cualquier intento de integrar la historia evolutiva con la doctrina cristiana. Si la creación se comprende desde la perspectiva del desarrollo evolutivo, entonces la teología debe preguntarse cómo se relaciona esa historia con los propósitos futuros de Dios y qué papel desempeñan conceptos como la redención, la resurrección y la nueva creación dentro de un universo en evolución.

Una de las contribuciones más importantes de la escatología al diálogo entre ciencia y teología es su reconocimiento de que la realidad está inacabada. La ciencia evolutiva presenta una imagen de un universo dinámico caracterizado por un desarrollo continuo. Las estrellas nacen y mueren. Los continentes se desplazan y se transforman. Las especies surgen y desaparecen. La vida misma está marcada por el cambio, la adaptación y el devenir constante. Nada en la narrativa evolutiva sugiere un mundo estático o consumado. Por el contrario, la existencia parece fundamentalmente histórica. El universo posee un pasado, un presente y un futuro. La escatología cristiana resuena con esta idea al afirmar que la creación aún no ha alcanzado su destino final. El mundo, tal como existe actualmente, no es el producto acabado de la actividad divina, sino parte de una historia más amplia que avanza hacia su plenitud.

Esta orientación hacia el futuro distingue la teología bíblica de las concepciones puramente cíclicas o estáticas de la realidad. La narrativa bíblica es profundamente histórica. La creación avanza a través del pacto, la redención y la restauración hacia una culminación prevista. Los propósitos de Dios no se agotan en el acto mismo de la creación, sino que se desarrollan a lo largo de la historia. Por lo tanto, el significado de la creación es inseparable de su destino final. Para comprender qué es realmente la creación, es necesario comprender en qué se está convirtiendo.

La historia evolutiva intensifica la importancia de esta perspectiva. El proceso evolutivo revela un mundo marcado por la incompletitud, la lucha y la impermanencia. Las especies surgen solo para desaparecer. Los ecosistemas florecen y colapsan. Ramas enteras de la historia de la vida terminan en extinción. Los propios seres humanos siguen siendo vulnerables al sufrimiento, la mortalidad y las limitaciones ambientales. Si la realidad se evalúa únicamente en función de su estado actual, resulta difícil conciliar estas características con las afirmaciones teológicas sobre la bondad y el propósito divinos. La escatología ofrece un marco diferente al insistir en que el significado final de la creación no puede determinarse solo a partir de su estado presente.

La doctrina cristiana de la nueva creación ocupa un lugar central dentro de este marco. En lugar de concebir la salvación como una evasión del mundo material, el Nuevo Testamento presenta consistentemente la redención como la transformación y renovación de la creación misma. La esperanza bíblica no reside en el abandono del mundo, sino en su restauración. Esta distinción es particularmente significativa en el contexto de la teología evolucionista, ya que afirma el valor perdurable del universo físico. La creación no es un escenario transitorio sobre el cual se desarrollan realidades espirituales antes de ser descartadas. Es objeto del amor constante y del propósito redentor de Dios.

La resurrección de Jesucristo constituye el fundamento de esta esperanza. En la teología cristiana, la resurrección no es simplemente la reanimación de un individuo, sino la inauguración de una nueva forma de existencia. Representa el comienzo de la renovación que Dios desea para toda la creación. La resurrección demuestra que la respuesta de Dios a la mortalidad y la decadencia no es la aniquilación, sino la transformación. La muerte no tiene la última palabra. Por el contrario, el futuro de la creación se fundamenta en la promesa de una vida renovada.

Este tema adquiere especial relevancia al considerarlo en el contexto de la historia evolutiva. La evolución revela un mundo donde la muerte ha estado presente desde el inicio de la existencia biológica. La muerte no es una anomalía ocasional, sino una característica universal de la vida. Todo organismo finalmente perece. Especies enteras desaparecen de la Tierra. El proceso evolutivo mismo depende de ciclos de nacimiento, muerte y renovación. Para muchos teólogos, esta realidad plantea interrogantes difíciles sobre la relación entre creación y redención. Si la muerte siempre ha sido parte de la creación, ¿qué es exactamente lo que supera la resurrección?

Una posible respuesta reside en distinguir entre mortalidad y falta de sentido último. La muerte biológica puede pertenecer al orden natural, pero la escatología cristiana niega que la muerte posea soberanía absoluta. La muerte sigue siendo real, pero no es definitiva. La resurrección no elimina necesariamente la mortalidad de la historia de la creación; más bien, revela que la mortalidad no define el destino último de la creación. El futuro prometido por Dios trasciende las limitaciones impuestas por la existencia biológica, preservando al mismo tiempo la bondad de la vida encarnada.

Esta perspectiva permite que la teología abrace la ciencia evolutiva sin abandonar la esperanza de redención. La historia evolutiva se integra en una narrativa más amplia cuyo significado trasciende los procesos descritos por la biología. Las inmensas eras del desarrollo cósmico y biológico no pierden sentido a causa del sufrimiento, la extinción y la mortalidad, pues participan de una historia que aún permanece inconclusa. La futura culminación de la creación proporciona el horizonte interpretativo dentro del cual la historia evolutiva adquiere su significado más profundo.

El concepto de redención cósmica amplía aún más esta visión. La teología cristiana enfatiza cada vez más que la salvación abarca más que las almas humanas individuales. La narrativa bíblica habla repetidamente de la renovación de toda la creación. El destino de la creación no se limita a los seres humanos, sino que incluye el cosmos en su conjunto. Este tema aparece en visiones proféticas de una creación renovada, en descripciones paulinas de la creación gimiendo en anticipación de la liberación, y en imágenes apocalípticas de un cielo nuevo y una tierra nueva.

Estos temas han cobrado especial importancia en el diálogo con la ciencia evolutiva, ya que afirman el valor de la creación no humana. La historia evolutiva revela una asombrosa diversidad de vida que abarca cientos de millones de años. Innumerables organismos vivieron, lucharon y perecieron mucho antes de la aparición de la humanidad. Si la creación solo tiene valor en la medida en que sirve a los propósitos humanos, gran parte de esta historia resulta difícil de justificar. La doctrina de la redención cósmica ofrece una perspectiva alternativa al afirmar que toda la creación es importante para Dios. La historia evolutiva no es simplemente el preludio de la existencia humana, sino parte de la realidad más amplia que Dios se propone redimir.

Esta convicción ha llevado a algunos teólogos a explorar la posibilidad de una comprensión más amplia de la resurrección y la restauración. Si bien la tradición cristiana se ha centrado principalmente en el destino humano, cada vez se presta más atención al significado teológico de las criaturas no humanas. Si el amor de Dios se extiende a toda la creación, entonces la redención de la creación puede abarcar dimensiones que trascienden las preocupaciones meramente humanas. Estas reflexiones siguen siendo especulativas, pero subrayan la amplitud de la visión bíblica de renovación.

La escatología también aborda la cuestión de la teleología en un mundo evolutivo. La ciencia evolutiva suele enfatizar la contingencia y la imprevisibilidad. La historia de la vida está marcada por innumerables sucesos fortuitos, cambios ambientales y trayectorias evolutivas que podrían haberse desarrollado de manera diferente. Esta contingencia puede parecer que socava las nociones de propósito y dirección. La escatología cristiana responde situando el propósito no principalmente en los mecanismos de la historia, sino en su destino final. El significado de la creación reside menos en la inevitabilidad de ciertos resultados y más en la fidelidad de Dios, quien guía la creación hacia su plenitud.

Esta teleología orientada al futuro difiere significativamente de los modelos clásicos que concebían propósitos fijos inherentes a cada aspecto de la naturaleza. En cambio, el propósito se entiende de forma dinámica. La creación avanza hacia un futuro prometido por Dios, pero que aún no se ha realizado plenamente. El mundo permanece abierto, en desarrollo e inacabado. El propósito divino no opera mediante un determinismo rígido, sino a través del acompañamiento fiel de la creación hacia su destino querido.

Esta comprensión proporciona un marco para integrar la apertura evolutiva con la esperanza teológica. La contingencia y la providencia no tienen por qué considerarse opuestas. La historia evolutiva puede implicar una auténtica novedad e imprevisibilidad, a la vez que se desarrolla dentro de los propósitos más amplios de Dios. El futuro permanece abierto desde la perspectiva de los seres creados, pero se mantiene dentro de la fidelidad del Creador.

En última instancia, la escatología recuerda a la teología que el significado de la creación no puede reducirse únicamente a sus orígenes. La ciencia evolutiva ofrece profundas perspectivas sobre cómo se han desarrollado el universo y la vida, pero la teología insiste en que comprender la realidad requiere prestar atención tanto a su futuro como a su pasado. La creación comenzó con el acto creativo de Dios, pero avanza hacia su consumación redentora. Por lo tanto, la historia evolutiva no es simplemente un registro del desarrollo biológico, sino que forma parte de una narrativa más amplia de creación, sufrimiento, redención y esperanza.

La doctrina de la nueva creación afirma que el capítulo final de esta historia aún no se ha escrito. El universo revelado por la ciencia evolutiva sigue siendo un mundo de belleza y tragedia, creatividad y pérdida, surgimiento y extinción. Sin embargo, la escatología cristiana proclama que estas realidades no son definitivas. Más allá de las luchas y limitaciones de la era actual, reside la promesa de renovación. El Dios que crea es también el Dios que redime, y el destino de la creación no es la disolución, sino la transformación. En esa promesa, la historia evolutiva encuentra su significado teológico más profundo, no solo como un relato de lo que ha sido, sino como un relato que avanza hacia lo que, por la gracia de Dios, será.

# *Parte VII*

# *Voces contemporáneas como estudios de caso integradores*

# *Capítulo 20*
# *Principales pensadores y modelos constructivos*

El diálogo contemporáneo entre la ciencia evolutiva y la teología cristiana ha sido moldeado por un grupo diverso de académicos, científicos, filósofos y teólogos que han buscado trascender las narrativas simplistas del conflicto para entablar un diálogo más constructivo. Su trabajo refleja la convicción compartida de que ni la investigación científica ni la reflexión teológica pueden ignorarse si se aspira a una comprensión coherente de la realidad. Si bien estos pensadores difieren significativamente en sus conclusiones, metodologías y compromisos teológicos, en conjunto demuestran la riqueza del diálogo interdisciplinario. Sus contribuciones revelan que el encuentro entre la evolución y la teología no es simplemente un problema a resolver, sino una oportunidad para el crecimiento intelectual y espiritual.

**La integración ciencia-teología como disciplina**

El surgimiento de la ciencia y la teología como campo de estudio independiente es, en sí mismo, un desarrollo relativamente reciente. Si bien los pensadores religiosos han reflexionado durante mucho tiempo sobre el mundo natural, la disciplina moderna surgió en gran medida como respuesta a los espectaculares avances científicos de los siglos XIX y XX. La biología evolutiva, la cosmología, la genética y la neurociencia plantearon nuevos desafíos que las categorías teológicas tradicionales no podían simplemente ignorar. Al mismo tiempo, muchos académicos reconocieron que las explicaciones científicas por sí solas no podían abordar cuestiones relativas al significado, el valor, el propósito y la realidad última. El campo resultante de la ciencia y la teología busca explorar cómo estas distintas formas de investigación pueden interactuar sin que ninguna de ellas se fusione con la otra ni quede completamente aislada.

Una preocupación central en esta disciplina ha sido la cuestión del método. La investigación científica se basa en la observación, la experimentación, la comprobación de hipótesis y la verificación empírica. La teología, en cambio, se nutre de la revelación, las Escrituras, la tradición, la razón y la experiencia religiosa. El desafío reside en comprender cómo se relacionan entre sí estas diferentes fuentes de conocimiento. Algunos académicos enfatizan la independencia de las disciplinas, mientras que otros buscan diversas formas de integración. A pesar de estas diferencias, la mayoría de los participantes contemporáneos en este campo rechazan la suposición simplista de que la ciencia y la teología deben estar inevitablemente en conflicto. En cambio, exploran maneras en que cada disciplina puede contribuir a una comprensión más completa de la realidad.

**Compromiso doctrinal con la evolución**

Entre las figuras más influyentes en este debate se encuentra Alister McGrath. Formado como científico y teólogo, McGrath ha dedicado gran parte de su obra a examinar la relación entre la doctrina cristiana y la comprensión científica. Sostiene que la teología no debe ignorar los descubrimientos científicos ni permitir que estos la transformen por completo. En cambio, la doctrina proporciona un marco dentro del cual las ideas científicas pueden interpretarse de manera significativa. McGrath subraya con frecuencia que la ciencia describe los mecanismos del mundo natural, mientras que la teología aborda las cuestiones más profundas de significado y trascendencia que la ciencia por sí sola no puede responder.

Una de las contribuciones más importantes de McGrath se refiere a la renovación de la teología natural. La teología natural tradicional solía buscar evidencia directa de Dios dentro de las estructuras de la naturaleza. El auge de la teoría evolutiva complicó estos enfoques al demostrar que la complejidad biológica podía surgir a través de procesos naturales. En lugar de abandonar la teología natural, McGrath propone su reformulación. La naturaleza sigue siendo capaz de revelar aspectos de la realidad divina, pero esta revelación se interpreta a través de lentes teológicas en lugar de funcionar como una prueba independiente de la existencia de Dios. La evolución se convierte en parte del relato a través del cual la creación revela su inteligibilidad más profunda y su dependencia de Dios.

**La providencia y las leyes científicas**

Otro importante contribuyente al diálogo entre ciencia y teología es John Polkinghorne. Físico teórico que posteriormente se convirtió en sacerdote anglicano, Polkinghorne aportó perspectivas únicas tanto desde el punto de vista científico como teológico. Su obra se caracteriza por un compromiso con el realismo, la convicción de que tanto la ciencia como la teología buscan describir aspectos de la realidad, y no meras construcciones humanas. Para Polkinghorne, la notable inteligibilidad del universo sugiere una racionalidad más profunda inherente a la creación.

Las reflexiones de Polkinghorne sobre la acción divina han sido especialmente influyentes. Sostiene que la comprensión científica moderna de la complejidad y la apertura crea un espacio para pensar en la actividad de Dios de maneras que no violan las leyes naturales. En lugar de imaginar la acción divina como intervenciones ocasionales que alteran el curso normal de los acontecimientos, enfatiza la presencia continua de Dios dentro de los procesos de creación. Las leyes naturales mismas pueden entenderse como expresiones de la fidelidad divina. Por lo tanto, los procesos evolutivos no son evidencia de la ausencia divina, sino manifestaciones de una creación dotada de auténtica libertad e integridad.

**Genética, fe y teología pública**

Francis Collins representa otra voz importante en los debates contemporáneos. Como genetista que desempeñó un papel fundamental en el Proyecto Genoma Humano, Collins ocupa una posición destacada tanto en la comunidad científica como en la religiosa. Su defensa pública de la compatibilidad entre la ciencia evolutiva y la fe cristiana ha influido en innumerables personas que luchan por conciliar el conocimiento científico con sus creencias religiosas.

Collins argumenta que la evidencia que respalda la evolución es abrumadora y que los cristianos no deben temer sus implicaciones. Para él, la belleza y la elegancia de los procesos evolutivos dan testimonio de la creatividad de Dios, en lugar de socavar la fe. Subraya que las explicaciones científicas y las afirmaciones teológicas operan en niveles diferentes. La genética puede explicar cómo surgió la diversidad biológica, pero no responde a preguntas sobre por qué existe el universo ni cuál es el significado último de la vida humana. El trabajo de Collins demuestra cómo la participación activa en la ciencia de vanguardia puede coexistir con un profundo compromiso religioso.

## Contingencia evolutiva y teología

Las contribuciones de Stephen Jay Gould también son significativas, aunque abordó estos temas desde una perspectiva mayoritariamente secular. El énfasis de Gould en la contingencia en la historia evolutiva cuestionó la suposición de que la evolución progresa inevitablemente hacia resultados predeterminados. Sostuvo que, si se repitiera la historia de la vida, podrían surgir resultados completamente diferentes. En su opinión, la evolución está profundamente marcada por eventos fortuitos y accidentes históricos.

Para la teología, el énfasis de Gould en la contingencia plantea interrogantes importantes. Si la humanidad no es el resultado inevitable de la evolución, ¿cómo debe entenderse el propósito divino? Algunos teólogos ven la contingencia como un desafío a la teleología tradicional, mientras que otros la interpretan como evidencia de una creación dotada de auténtica apertura y libertad. La obra de Gould obligó a los teólogos a reflexionar con mayor detenimiento sobre la relación entre la providencia y la imprevisibilidad, fomentando explicaciones más sofisticadas de la acción divina en un mundo en constante evolución.

## Modelos teológicos comparativos

Más allá de las interpretaciones individuales, el debate general ha generado varios modelos teológicos contrapuestos. El teísmo clásico sigue siendo uno de los marcos más influyentes. Este enfatiza la trascendencia, la omnipotencia y la providencia divinas, al tiempo que afirma que la creación se desarrolla a través de causas secundarias. Los procesos evolutivos se interpretan como instrumentos mediante los cuales se realizan los propósitos creativos de Dios. Este enfoque busca mantener la continuidad con la doctrina cristiana histórica, a la vez que integra la ciencia contemporánea.

La teología del proceso ofrece una perspectiva significativamente diferente. En lugar de enfatizar el control divino, los teólogos del proceso destacan la influencia persuasiva de Dios en un mundo caracterizado por la auténtica libertad y creatividad. La historia evolutiva se convierte en una vívida ilustración de un universo dinámico que responde continuamente a las posibilidades divinas. Este modelo proporciona recursos para abordar el sufrimiento y la contingencia, aunque los críticos argumentan que modifica demasiado las concepciones tradicionales de la soberanía divina.

Los enfoques emergentistas representan otro desarrollo importante. Estos modelos se centran en la aparición de nuevos niveles de complejidad dentro de la historia evolutiva. La conciencia, la moralidad y la percepción espiritual se consideran realidades que surgen de procesos biológicos, trascendiendo las explicaciones puramente reduccionistas. El emergentismo suele servir de puente entre las explicaciones científicas sobre los orígenes humanos y las afirmaciones teológicas sobre la imagen de Dios, la dignidad humana y la vocación espiritual.

La diversidad de estos modelos pone de relieve tanto las posibilidades como los desafíos que implica la integración de la evolución y la teología. Ningún enfoque ha alcanzado una aceptación universal. Cada uno ofrece valiosas perspectivas, a la vez que plantea interrogantes sin resolver. El teísmo clásico proporciona continuidad doctrinal, pero debe abordar cuestiones de sufrimiento y contingencia. La teología del proceso enfatiza la libertad y la creatividad, pero suscita inquietudes respecto al poder divino. El emergentismo da cuenta de la complejidad y la novedad, pero sigue lidiando con cuestiones relativas a la conciencia y la personalidad.

A pesar de sus diferencias, estos pensadores y modelos comparten varias convicciones importantes. La mayoría rechaza las formas simplistas de reduccionismo que intentan explicar todos los aspectos de la realidad exclusivamente a través de categorías científicas o teológicas. La mayoría reconoce que las explicaciones científicas y teológicas abordan distintas dimensiones de la existencia, sin dejar de estar relacionadas con la misma realidad. La mayoría afirma que la honestidad intelectual exige un análisis profundo tanto de la evidencia científica como de la tradición teológica.

**Hacia una síntesis constructiva**

En conjunto, su trabajo apunta hacia la posibilidad de una síntesis constructiva. Dicha síntesis no elimina todas las tensiones ni resuelve todos los debates. La evolución sigue planteando interrogantes profundos sobre el sufrimiento, la singularidad humana, la providencia y el propósito. Sin embargo, las contribuciones de los pensadores contemporáneos demuestran que estas preguntas no tienen por qué obligar a elegir entre ciencia y fe. En cambio, invitan a una reflexión más profunda sobre ambas.

La tarea de integrar la macroevolución con las doctrinas de la creación y la providencia sigue vigente. Requiere humildad ante la complejidad del mundo natural y apertura a las perspectivas de diversas disciplinas. Exige resistencia al reduccionismo, ya sea científico o teológico, y la voluntad de aceptar el misterio cuando las respuestas definitivas resultan esquivas. Sobre todo, exige una visión de la realidad en la que el conocimiento científico y la sabiduría teológica contribuyan conjuntamente a una explicación más rica y completa de la existencia. Esta visión no pretende tener todas las respuestas, pero ofrece un marco dentro del cual la fe y la razón pueden continuar su búsqueda conjunta de la verdad.

## *Conclusión*
## *Hacia una visión evolutiva con fundamento teológico*

El encuentro entre la ciencia evolutiva y la teología cristiana representa uno de los desarrollos intelectuales más significativos de la era moderna. Pocas teorías científicas han ejercido una influencia tan profunda en la comprensión que la humanidad tiene de sí misma, del mundo natural y de la historia de la vida. Al mismo tiempo, pocos avances científicos han generado tanta reflexión, debate y reconsideración teológica. El surgimiento de la teoría macroevolutiva desafió supuestos arraigados sobre la creación, los orígenes humanos, la acción divina y la estructura de la realidad. Sin embargo, también ha brindado a la teología la oportunidad de profundizar en la comprensión de estas doctrinas, clarificando lo esencial para la fe cristiana y lo que pertenece a interpretaciones históricas particulares, moldeadas por cosmovisiones científicas anteriores.

A lo largo de este estudio, un tema recurrente ha sido la distinción entre explicación científica e interpretación teológica. La biología evolutiva busca explicar los mecanismos y procesos históricos mediante los cuales la vida se ha desarrollado a lo largo de inmensos periodos de tiempo. A través de la genética, la paleontología, la anatomía comparada, la biología del desarrollo y la ecología, proporciona una explicación notablemente coherente de la diversificación de la vida y el surgimiento de sistemas biológicos complejos. La evidencia científica que respalda la descendencia común y el desarrollo evolutivo es extensa y continúa creciendo. Para quienes buscan integridad intelectual, dicha evidencia no puede simplemente descartarse ni ignorarse.

Sin embargo, la explicación científica, por muy poderosa que sea, sigue teniendo un alcance limitado. Aborda cuestiones relativas a procesos, mecanismos y desarrollo histórico. Explica cómo los organismos cambian, se adaptan y se diversifican. No obstante, no responde a todas las preguntas que los seres humanos se plantean sobre la realidad. La teoría evolutiva no determina si la existencia tiene sentido, si los valores morales son objetivos, si la conciencia tiene relevancia más allá de sus funciones biológicas, o si el universo mismo depende de una fuente trascendente. Estas cuestiones pertenecen al ámbito de la reflexión filosófica y teológica. El reconocimiento de esta distinción permite comprender la ciencia y la teología no como enemigas que compiten por el mismo terreno explicativo, sino como diferentes formas de investigación que abordan distintas dimensiones de la realidad.

Uno de los logros centrales de la teología contemporánea ha sido la recuperación de una doctrina de la creación más rica. Esta doctrina a menudo se ha malinterpretado como una explicación rival a las explicaciones científicas del origen. Tales malentendidos han contribuido significativamente a conflictos innecesarios. Sin embargo, bien entendida, la creación no es principalmente una afirmación sobre mecanismos, sino sobre la dependencia. Afirmar que el mundo es creado es afirmar que toda la realidad depende, en última instancia, de Dios para su existencia. Ya sea que la vida surgiera mediante actos instantáneos de creación o a través de miles de millones de años de desarrollo evolutivo, la afirmación teológica sigue siendo fundamentalmente la misma: el universo existe porque Dios quiere que exista.

La ciencia evolutiva ha animado a los teólogos a concebir la creación no tanto como un evento aislado en el pasado remoto, sino más bien como un proceso continuo. El universo revelado por la ciencia contemporánea es dinámico, en constante evolución y creativo. Surgen nuevas formas, se desarrollan sistemas y la complejidad aumenta a lo largo de vastos periodos de la historia cósmica. Esta visión no tiene por qué menoscabar la creatividad divina. Al contrario, puede propiciar una mayor apreciación de un Creador que da origen a un mundo capaz de desarrollo, novedad y autotransformación. La creación se convierte así no solo en un acto consumado, sino en una realidad continua sostenida por la providencia divina.

Estrechamente relacionada con esta renovada doctrina de la creación se encuentra la doctrina de la providencia. La teoría evolutiva se ha interpretado a menudo como evidencia de aleatoriedad y falta de propósito. Las mutaciones ocurren sin tener en cuenta los resultados futuros, las condiciones ambientales cambian de forma impredecible y la historia evolutiva contiene innumerables ejemplos de contingencia. Estas observaciones parecen, en principio, difíciles de conciliar con las concepciones tradicionales del gobierno divino. Sin embargo, el desafío podría provenir menos de la evolución misma que de modelos de providencia demasiado simplistas.

La reflexión teológica reconoce cada vez más que el propósito divino no requiere un determinismo exhaustivo. Un mundo caracterizado por una auténtica apertura y contingencia puede existir bajo la providencia divina. De hecho, dicha apertura puede ser una de las formas en que se expresa la creatividad divina. El Dios de la fe cristiana clásica no se ve amenazado por causas secundarias, leyes naturales o mecanismos evolutivos. Más bien, estas realidades pueden entenderse como instrumentos a través de los cuales se despliegan los propósitos divinos. La providencia no se revela necesariamente en la interrupción de los procesos naturales, sino en su existencia, inteligibilidad y orientación última hacia su cumplimiento.

La cuestión de los orígenes humanos ha demostrado ser particularmente significativa porque atañe directamente a la antropología teológica. La evolución sitúa a la humanidad dentro de la historia más amplia de la vida, enfatizando la continuidad con otros organismos a través de un ancestro común y procesos biológicos compartidos. Para algunos, esta continuidad parece amenazar las concepciones tradicionales de la singularidad humana. Sin embargo, la teología ha demostrado una notable adaptabilidad al responder a este desafío. La imagen de Dios no tiene por qué reducirse a una discontinuidad biológica. La dignidad humana, la responsabilidad moral, la autoconciencia y la vocación espiritual pueden entenderse de maneras que siguen siendo plenamente compatibles con los orígenes evolutivos.

En lugar de menospreciar la humanidad, la perspectiva evolutiva puede enriquecer la antropología teológica al situar a los seres humanos dentro de la gran comunidad de la creación. La humanidad surge del mismo proceso creativo que produjo toda la vida, compartiendo profundas conexiones con el mundo natural. Al mismo tiempo, los seres humanos poseen capacidades distintivas para la reflexión moral, el pensamiento simbólico, la autotrascendencia y la relación con Dios. Continuidad y singularidad no tienen por qué ser opuestas. Los seres humanos pueden ser tanto producto de la historia evolutiva como portadores de la imagen divina.

Las doctrinas del pecado y la redención también requieren una cuidadosa revisión a la luz de la historia evolutiva. La asociación tradicional de la muerte y el sufrimiento con una Caída histórica se vuelve difícil de sostener cuando se demuestra que la depredación, la extinción y la mortalidad preceden a la humanidad por cientos de millones de años. Sin embargo, este desafío no invalida la doctrina del pecado. Al contrario, invita a una comprensión más profunda del pecado como una condición universal de alejamiento de Dios, en lugar de simplemente la consecuencia de un único evento prehistórico. La realidad de la fragilidad humana sigue siendo innegable, ya sea que se interprete a través de marcos tradicionales o no literales.

De igual modo, el sufrimiento evolutivo plantea una de las cuestiones teológicas más difíciles. La historia de la vida está marcada por un inmenso dolor, pérdida y extinción. Ninguna teología intelectualmente responsable puede ignorar esta realidad. Sin embargo, la fe cristiana responde no negando el sufrimiento, sino integrándolo en la narrativa más amplia de la creación, la encarnación y la redención. El Dios revelado en Cristo no se desentiende del sufrimiento de la creación, sino que participa de él. La cruz se convierte en la máxima expresión de la solidaridad divina con un mundo marcado por la lucha y la mortalidad. Por lo tanto, la redención no es una evasión de la creación, sino el compromiso de Dios con su restauración.

La dimensión escatológica de la teología cobra especial importancia en este punto. La historia evolutiva está inconclusa. La creación sigue siendo una realidad en constante evolución, caracterizada tanto por la belleza como por la fragilidad. La esperanza cristiana insiste en que el significado de la creación no puede determinarse únicamente por su estado actual. El futuro prometido por Dios proporciona el horizonte dentro del cual la creación recibe su significado último. La doctrina de la nueva creación afirma que los propósitos de Dios se extienden más allá de las limitaciones y los sufrimientos de la era presente. La historia evolutiva, con toda su complejidad y tragedia, avanza hacia una plenitud que trasciende lo que la ciencia por sí sola puede describir.

A pesar de estos avances constructivos, persisten importantes tensiones. Cuestiones relativas a la acción divina, la conciencia, el libre albedrío, el realismo moral y la relación precisa entre contingencia y providencia siguen generando debate. La ciencia evolutiva no resuelve estas cuestiones, ni la teología ofrece respuestas universalmente aceptadas. El diálogo continúa. Sin embargo, la persistencia de preguntas sin respuesta no debe considerarse un fracaso. La investigación intelectual florece no solo a través de soluciones, sino también mediante la exploración continua de profundos misterios.

Quizás la mayor lección que surge del diálogo entre evolución y teología sea la importancia de la humildad intelectual. La ciencia revela la extraordinaria complejidad del mundo natural, mientras que la teología nos recuerda que la realidad posee profundidades que no pueden agotarse con la mera descripción empírica. Ambas disciplinas se enfrentan a misterios que escapan a la comprensión humana completa. El universo es más intrincado de lo que sugieren las explicaciones reduccionistas, y el significado de la existencia es más rico de lo que cualquier disciplina por sí sola puede abarcar por completo.

Por lo tanto, una visión evolutiva con fundamento teológico no busca subordinar la ciencia a la teología ni la teología a la ciencia. En cambio, reconoce que ambas contribuyen a una comprensión más completa de la realidad. La ciencia ilumina los mecanismos mediante los cuales se desarrolla el universo. La teología explora el significado, el propósito y el fundamento último de ese desarrollo. Juntas, ofrecen una visión de un cosmos inteligible, dinámico y profundamente significativo.

La historia de la evolución no es simplemente una crónica del cambio biológico. Es la historia de un universo capaz de producir estrellas, planetas, vida, conciencia, moralidad y anhelo espiritual. Para la teología cristiana, esta historia encuentra su significado más profundo en el Dios que crea, sustenta, redime y cumple todas las cosas. La evolución puede explicar mucho sobre cómo surgió la vida, pero la teología insiste en que la pregunta final radica en por qué existe esta historia y por qué esta continúa avanzando hacia un futuro que se inscribe en los propósitos de Dios. En esta convicción, la fe y la ciencia no tienen por qué ser adversarias, sino que pueden contribuir juntas a una comprensión más profunda del mundo, la humanidad y el misterio de la existencia misma.

www.ingramcontent.com/pod-product-compliance
Lightning Source LLC
La Vergne TN
LVHW022044200926
848481LV00003B/778
* 9 7 9 8 8 9 7 3 1 5 1 0 9 *